新镜界 编著

剪映·+AI

短视频剪辑
从入门到精通

手机版+电脑版+网页版

U0239031

中国水利水电出版社
www.waterpub.com.cn
·北京·

内 容 提 要

本书聚焦热门视频编辑软件剪映和其新增的 AI 功能，从如何制作、剪辑和生成精美短视频的角度出发，分别介绍了剪映手机版、剪映电脑版和即梦网页版的短视频的制作与生成方法，内容包含了剪映的核心功能，如视频剪辑、调色、音频和文字等，剪映新增的 AI 功能，如 AI 文案、AI 音效、AI 剪辑、AI 绘画、AI 特效、AI 剪同款和 AI 数字人等，以及即梦网页版 AI 文生图、AI 图生图、AI 文生视频和 AI 图生视频等高级视频生成技术。

本书内容全面深入，理论结合实践，大量的实例指导应用，实例讲解配详细的操作说明，并配有同步教学视频，手把手教学，帮助读者短时间内轻松掌握短视频的制作技巧，轻松高效地制作高质量的专业短视频。

本书适合广大短视频初学者、短视频创作者、新媒体运营人员、自媒体达人以及其他短视频爱好者学习参考，也可以作为高校新媒体、营销、传播、影视等专业的教材。

图书在版编目（CIP）数据

剪映+AI 短视频剪辑从入门到精通：手机版+电脑版+
网页版 / 新镜界编著 . —— 北京：中国水利水电出版社，
2025.1. —— ISBN 978-7-5226-3067-0

Ⅰ．TP317.53

中国国家版本馆 CIP 数据核字第 20245XN583 号

书　　名	剪映 + AI 短视频剪辑从入门到精通（手机版 + 电脑版 + 网页版） JIANYING + AI DUANSHIPIN JIANJI CONG RUMEN DAO JINGTONG
作　　者	新镜界　编著
出版发行	中国水利水电出版社 （北京市海淀区玉渊潭南路 1 号 D 座 100038） 网址：www.waterpub.com.cn E-mail：zhiboshangshu@163.com 电话：（010）62572966-2205/2266/2201（营销中心）
经　　售	北京科水图书销售有限公司 电话：（010）68545874、63202643 全国各地新华书店和相关出版物销售网点
排　　版	北京智博尚书文化传媒有限公司
印　　刷	河北文福旺印刷有限公司
规　　格	170mm×240mm　16 开本　12.25 印张　266 千字
版　　次	2025 年 1 月第 1 版　2025 年 1 月第 1 次印刷
印　　数	0001—4000 册
定　　价	69.80 元

前　言

　　剪映是由抖音官方出品的视频后期剪辑软件，它集视频剪辑、特效制作、滤镜添加、字幕生成、音乐配乐等多种功能于一体，为用户提供了丰富的创作素材和智能化的创作工具。其界面设计简洁直观，无论是专业创作者还是普通用户都能轻松上手，快速制作出高质量的视频作品。同时，随着人工智能（AI）技术的不断融入，剪映更是具备了智能识别、AI作图、AI视频生成、自动生成字幕等先进功能，极大地提高了视频创作的效率和创意性，成为短视频时代不可或缺的视频创作利器，给用户带来了全新的视频创作体验和无限的创意可能。

　　目前，剪映推出了剪映手机版、剪映电脑版及即梦网页版等多种版本。

　　剪映手机版功能齐全、操作简单，用户只要有一部手机在手，无论身处何地都可以进行视频剪辑。

　　剪映电脑版则拥有清晰的操作界面、强大的面板功能，以及适合电脑端用户操作的软件布局，同时也延续了手机版全能易用的操作风格，能够适用于各种专业的剪辑场景。

　　即梦网页版以其便捷性、即时性、易用性、创意激发、个性化调整、多样化AI模型、协作友好、跨平台兼容性、资源节约和持续更新的特性，为用户提供了一个强大而灵活的在线视频和图像创作工具，无须下载安装，即可享受高效的云端创作体验。

　　因此，剪映可以满足用户的各类剪辑需求。

本书显著特色

　　➡ 配套视频讲解，手把手教你学习

　　本书配备了101个实例同步教学视频，读者可以边学边看，如同老师在身边手把手教学，使学习更轻松、更高效！

　　➡ 扫一扫二维码，随时随地看视频

　　本书在每个实例处都放置了二维码，使用手机扫一扫，就可以随时随地在手机上观看效果视频和教学视频。

　　➡ 内容全面完整，短期内快速上手

　　本书体系完整，几乎涵盖了手机版、电脑版和网页版三版剪映中的所有常用功能和工具，采用"基础知识＋实例讲解＋章节练习"的模式编写，使读者不必耗心费力地学习，轻轻松松就能快速上手。

　　➡ 实例非常丰富，强化动手能力

　　本书每章都安排了相关知识点，有助于读者巩固知识，了解要学习的功能和技巧；"练习实例"便于读者动手操作，在模仿中学习；"章节练习"可以帮助读者加深印象，熟悉实战流程，为将来的剪辑工作奠定基础。

↪ 提供实例素材，配套资源完善

为方便读者对本书实例的学习，特别提供了与实例相配套的素材源文件，帮助读者掌握本书中精美实例的创作思路和制作方法。

↪ 实例效果精美，提升审美能力

无论是剪映手机版、剪映电脑版还是即梦网页版，都只是用来剪辑视频的工具，创作一个好的作品一定要有美的意识。本书实例效果精美，可以帮助读者提升审美能力，增强对美感的了解。

本书版本说明

本书涉及的各大软件和工具中，包括剪映手机版 14.4.0 版和剪映电脑版 5.9.0 版。

在编写过程中，本书中的插图是根据界面截取的实际操作图片，但请注意，从编辑到出版需要经历一段时间，在此期间，这些软件的功能和界面可能会有所变化。因此，在阅读本书时，建议读者根据书中提供的思路，灵活运用，举一反三。

请注意，即使是使用相同的提示词和素材，软件每次生成的效果也会有所不同，这是由于软件基于其算法与算力动态计算所导致的正常现象。因此，在阅读本书时可能会发现书中的效果与视频展示有所区别，包括用户自己使用相同的提示词进行实操时，得到的效果可能也会略有差异。因此，在扫码观看教程时，读者应把更多的精力放在操作技巧的学习上。

资源获取

为方便读者学习，本书提供 151 分钟教学视频、270 个素材及效果和 25 组提示词。

读者使用手机微信扫一扫下方左侧的公众号二维码，关注后输入 JY30670 至公众号后台，即可获取本书相应资源的下载链接。将该链接复制到计算机浏览器的地址栏中（一定要复制到计算机浏览器的地址栏中），根据提示进行下载。

读者可扫描下方右侧二维码加入交流圈，在线交流学习。

设计指北公众号 　　　交流圈

关于作者

本书由新镜界编著，提供编写帮助、视频素材的人员还有吴梦梦、邓陆英、徐必文、向小红、苏苏、燕羽、巧慧等人，在此表示感谢。

由于编著者知识水平有限，书中难免存在疏漏之处，恳请广大读者和用户批评、指正。

编著者

目　录

第 10 章　AI 剪同款与模板——快速复制流行视频风格 134

第 11 章　AI 数字人——虚拟形象的解说魅力 146

第1章

剪映基础——走进短视频剪辑的世界

本章主要介绍剪映的入门内容,涵盖短视频剪辑概述、剪映手机版和电脑版的下载及安装流程、剪映界面和工具栏的介绍,以及视频编辑的基本操作流程。掌握这些基本操作,并稳固好剪辑基础,将能够帮助读者在之后的视频处理中更加得心应手,从而顺利开启剪映应用之旅的大门。

1.1　短视频剪辑概述

短视频作为一种新兴的数字媒体形式，近年来在全球范围内迅速崛起，成为互联网用户，尤其是年轻用户群体中的热门内容消费方式。本节主要介绍短视频的定义和主要特点，以及短视频剪辑与长视频剪辑的区别。

1.1.1　短视频的定义与特点

扫码看教学

短视频通常是指时长较短、适合在网络平台上快速传播的视频内容。具体来说，其时长通常控制在几分钟以内，以 15 秒至 5 分钟最为常见。这类视频内容多样，可能包含但不限于娱乐、教育、新闻、广告及生活分享等多个领域。近年来，短视频已经成为社交媒体和移动互联网时代非常流行的内容形式之一。

短视频是一种以移动智能设备为主要观看终端，时长较短，易于分享和传播的视频内容形式。

短视频的特点主要有 10 个，如图 1.1 所示。

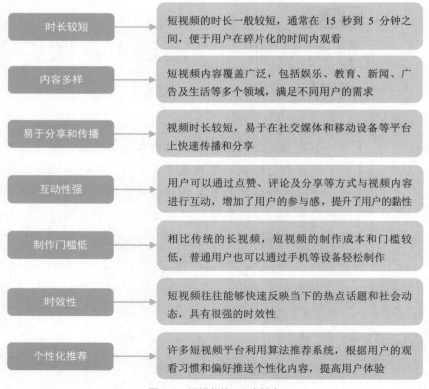

时长较短	短视频的时长一般较短，通常在 15 秒到 5 分钟之间，便于用户在碎片化的时间内观看
内容多样	短视频内容覆盖广泛，包括娱乐、教育、新闻、广告及生活等多个领域，满足不同用户的需求
易于分享和传播	视频时长较短，易于在社交媒体和移动设备等平台上快速传播和分享
互动性强	用户可以通过点赞、评论及分享等方式与视频内容进行互动，增加了用户的参与感，提升了用户的黏性
制作门槛低	相比传统的长视频，短视频的制作成本和门槛较低，普通用户也可以通过手机等设备轻松制作
时效性	短视频往往能够快速反映当下的热点话题和社会动态，具有很强的时效性
个性化推荐	许多短视频平台利用算法推荐系统，根据用户的观看习惯和偏好推送个性化内容，提高用户体验

图 1.1　短视频的 10 个特点

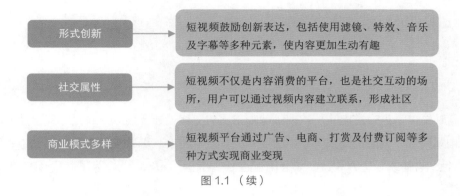

形式创新	短视频鼓励创新表达，包括使用滤镜、特效、音乐及字幕等多种元素，使内容更加生动有趣
社交属性	短视频不仅是内容消费的平台，也是社交互动的场所，用户可以通过视频内容建立联系，形成社区
商业模式多样	短视频平台通过广告、电商、打赏及付费订阅等多种方式实现商业变现

图 1.1（续）

1.1.2　短视频剪辑与长视频剪辑的区别

短视频剪辑与长视频剪辑在多个方面存在显著的区别，如图 1.2 所示。

扫码看教学

时长	短视频：通常在 15 秒到 5 分钟之间。时长较短，信息传递迅速、直接； 长视频：可以从几分钟到几小时不等。时长更长，可以承载更复杂、更详细的内容
内容要求	短视频：内容要求精简且创意突出，注重在短时间内吸引观众的注意力，以快速消费和广泛传播为目标； 长视频：强调艺术表现力和深度思考，内容要求更为完整和深入，需要构建丰富的故事情节和立体的人物形象
制作周期	短视频：制作周期通常较短，更注重快速产出； 长视频：制作周期更长，需要更复杂的剧本、拍摄和后期制作
目标受众	短视频：通常针对移动端用户，利用碎片化时间观看； 长视频：可能针对更专注的观众群体，如电影、电视剧或纪录片观众
平台与发布	短视频：更多地在抖音、快手等平台上发布； 长视频：更多地在爱奇艺、腾讯视频或电影院等平台发布
剪辑目的	短视频：快速吸引观众的注意力并在短时间内传达核心信息，强调创意和即时性，往往用于娱乐、营销或社交分享； 长视频：讲述一个完整的故事或提供深入的信息，多用于电影、电视剧、纪录片，以及教育课程等领域

图 1.2　短视频剪辑与长视频剪辑的区别

当然，这些区别并不是绝对的，不同类型的视频在制作和剪辑时可能会有所交叉。但总体来说，短视频剪辑和长视频剪辑在策略和执行上确实存在明显的差异。

1.2 剪映软件介绍

　　剪映是抖音官方推出的一款视频剪辑工具。自移动端上线以来，凭借其全面的剪辑功能和易用性，剪映迅速获得了广大用户的喜爱。目前，剪映支持在手机移动端、Pad端、Mac 电脑端，以及 Windows 电脑全终端使用，极大地满足了不同用户的创作需求。

　　本节主要介绍下载和安装剪映手机版和电脑版的操作流程。

1.2.1 练习实例：下载和安装剪映手机版

　　下面介绍下载和安装剪映手机版的操作方法。

扫码看教学

　　步骤 01 在手机中打开应用市场 App，❶ 在搜索栏中输入并搜索"剪映"；❷ 在搜索结果中，点击剪映右侧的"安装"按钮，如图 1.3 所示。

　　步骤 02 下载并安装成功之后，在其中的界面点击"打开"按钮，如图 1.4 所示。

图 1.3　点击"安装"按钮　　　　　　　　图 1.4　点击"打开"按钮

　　步骤 03 进入剪映手机版，勾选"已阅读并同意"按钮，并点击"抖音登录"按钮，如图 1.5 所示，即可登录剪映。

　　步骤 04 进入"个人主页"界面，在左上角显示抖音账号的头像，如图 1.6 所示，即为登录成功。

图 1.5 点击"抖音登录"按钮　　　　　图 1.6 显示抖音账号的头像

1.2.2 练习实例：下载和安装剪映电脑版

下面介绍下载和安装剪映电脑版的操作方法。

步骤 01 在电脑自带的浏览器中搜索并打开剪映官网,在页面中单击"立即下载"按钮,如图 1.7 所示。

扫码看教学

步骤 02 在弹出的"新建下载任务"对话框中单击"直接打开"按钮,如图 1.8 所示。

图 1.7 单击"立即下载"按钮　　　　　图 1.8 单击"直接打开"按钮

步骤 03 下载并安装成功之后,进入剪映电脑版首页。单击左上角的"点击登录账户"按钮,如图 1.9 所示。

步骤 04 弹出"登录"对话框,剪映电脑版有两种登录方式,用户可以单击"通过抖音登录"按钮,如图 1.10 所示,登录抖音账号。

图 1.9 单击"点击登录账户"按钮　　　　　图 1.10 单击"通过抖音登录"按钮

步骤 05 进入首页后，在左上角显示抖音账号的头像，如图1.11所示，即为登录成功。

图1.11 显示抖音账号的头像

1.3 界面和工具栏导览

用户在使用剪映进行短视频剪辑之前，要先了解剪映的界面和工具栏，方便快速上手。本节将详细介绍剪映手机版与电脑版的界面和工具栏。

1.3.1 认识剪映手机版的界面和工具栏

扫码看教学

下面介绍剪映手机版的界面和工具栏。

步骤 01 打开剪映手机版，进入"剪辑"界面，如图1.12所示。

图1.12 "剪辑"界面

步骤 02 点击"剪同款"按钮，进入"剪同款"界面。该界面中包含了各种各样的模板，用户可以根据分类选择合适的模板进行套用，也可以搜索自己想要的模板进行套用，如图1.13所示。

步骤 03 点击"消息"按钮，进入"消息"界面。在该界面中可查看官方的通知和消息、粉丝的评论及点赞提示等，如图 1.14 所示。

图 1.13 "剪同款"界面　　　　　　　图 1.14 "消息"界面

步骤 04 点击"我的"按钮，进入"我的"界面。在该界面中展示了个人资料、喜欢及收藏的模板等，如图 1.15 所示。

步骤 05 返回"剪辑"界面，点击"开始创作"按钮，如图 1.16 所示。

图 1.15 "我的"界面　　　　　　　图 1.16 点击"开始创作"按钮

步骤 06 进入"照片视频"界面，在"视频"选项卡中可以选择相应的视频素材；在"照片"选项卡中可以选择相应的照片素材，如图 1.17 所示。

图 1.17 选择相应的视频素材或照片素材

步骤 07 点击“添加”按钮即可成功导入相应的视频素材或照片素材，并进入编辑界面。预览区域左下角的时间，表示当前视频的时长和总时长。点击预览区域右下角的按钮，可以全屏预览视频效果；点击按钮即可播放视频，如图 1.18 所示。

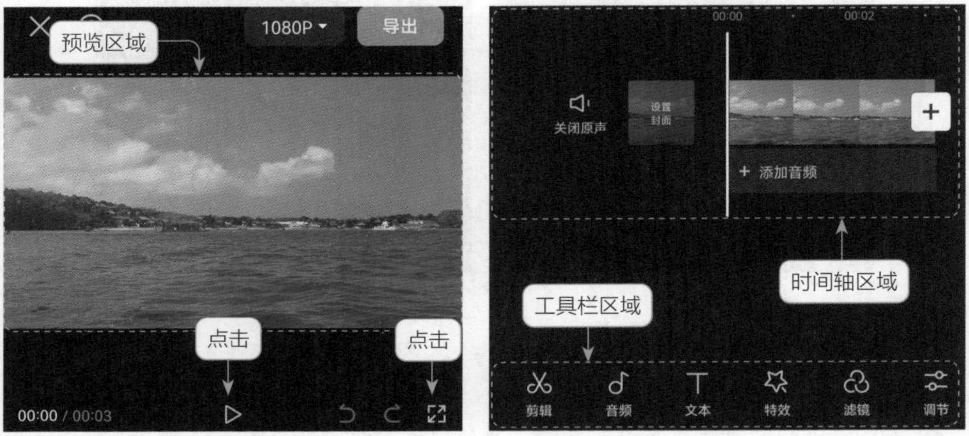

图 1.18　编辑界面

步骤 08 用户在进行视频编辑操作后，❶点击“撤回”按钮即可撤销上一步的操作；❷点击“恢复”按钮即可恢复上一步操作，如图 1.19 所示。

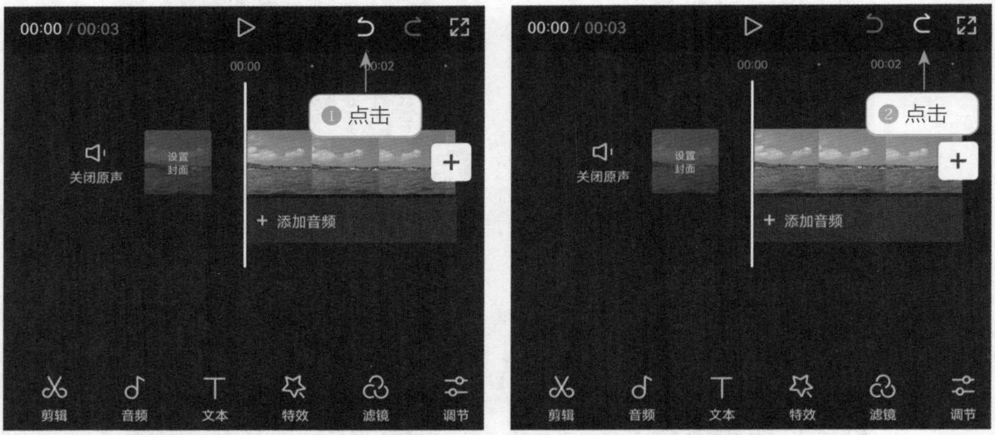

图 1.19　点击“撤回”和“恢复”按钮

1.3.2　认识剪映电脑版的界面和工具栏

扫码看教学

剪映电脑版是由抖音官方出品的一款电脑剪辑软件，它拥有清晰的操作界面，功能强大的编辑面板，同时也延续了手机版全能易用的操作风格，适用于多种专业的剪辑场景。

下面介绍剪映电脑版的界面组成，如图 1.20 所示。

（1）功能区：功能区中包括"媒体""音频""文本""贴纸""特效""转场""字幕""滤镜""调节"及"模板"等十大功能模块。

（2）操作区：操作区中提供了"画面""音频""变速""动画""调节"及"AI效果"等调整功能。当用户选择轨道上的素材后，操作区中就会显示各种调整功能。

（3）"播放器"面板：在"播放器"面板中单击"播放"按钮▶，即可在预览窗口中播放视频效果；单击"比例"按钮，在弹出的列表框中选择相应的画布尺寸比例，可以调整视频的画面尺寸。

（4）"时间线"面板：该面板提供了"选择""撤销""恢复""分割""删除""添加标记""定格""倒放""镜像""旋转"及"调整大小"等常用剪辑功能。当用户将素材拖曳至该面板中时，会自动生成相应的轨道。

图1.20 剪映电脑版界面

步骤 01 在剪映电脑版的"画面"操作区中，展开"基础"选项卡。在"混合"选项区中可以通过设置混合模式进行图像合成。在"混合模式"下拉列表中共有"正常""变亮""滤色""变暗""叠加""强光""柔光""颜色加深""线性加深""颜色减淡""正片叠底"等11种混合模式可以选择，如图1.21所示。

步骤 02 在"画面"操作区中，切换至"蒙版"选项卡，其中提供了"无""线性""镜面""圆形""矩形""爱心""星形"等蒙版，如图1.22所示，用户可以根据需要挑选蒙版，对视频画面进行合成处理，制作有趣又有创意的蒙版合成视频。

 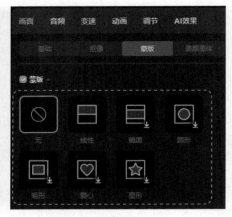

图 1.21 "基础"选项卡　　　　　图 1.22 "蒙版"选项卡

1.4　综合实例：视频编辑的基本操作流程

扫码看效果

【效果展示】在熟悉了剪映手机版和电脑版的操作界面后，即可开始学习视频编辑的基本操作流程。在剪映中，用户能够对素材进行多样化的剪辑操作，以制作出令人满意的视频效果。如果导入的素材时长过长，还可以对其进行剪辑处理，保留所需片段，并为其添加字幕、设置样式及添加背景音乐等，最终效果如图 1.23 所示。

图 1.23　效果展示

本节主要介绍导入和剪辑视频素材、添加字幕和设置样式、添加背景音乐，以及导出成品视频的操作方法。

1.4.1　练习实例：导入和剪辑视频素材

下面介绍在剪映手机版中导入和剪辑视频素材的操作方法。

步骤 01 打开剪映手机版，进入"剪辑"界面，点击"开始创作"按钮，如图 1.24 所示。

步骤 02 进入"照片视频"界面，❶ 选择视频素材；❷ 勾选"高清"复选框；❸ 点击"添加"按钮，添加视频素材，如图 1.25 所示。

扫码看教学

图 1.24　进入"剪辑"界面

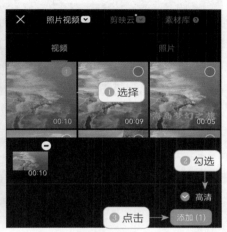

图 1.25　进入"照片视频"界面

步骤 03 执行操作后，即可将视频素材导入剪映中，如图 1.26 所示。

步骤 04 拖曳时间轴至视频 5s 处，❶ 选择视频素材；❷ 点击"分割"按钮，分割视频，如图 1.27 所示。

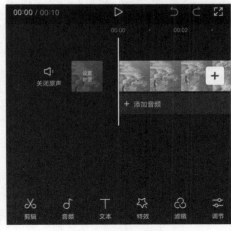

图 1.26　导入视频素材

图 1.27　分割视频

步骤 05 ❶选择分割后的后半段素材；❷点击"删除"按钮，如图 1.28 所示。

步骤 06 此时，已完成剪辑操作，可以看到剪辑后的视频时长由原来的 10s 变成了 5s，如图 1.29 所示。

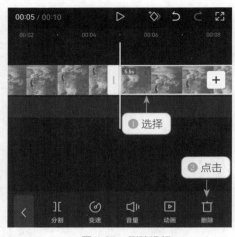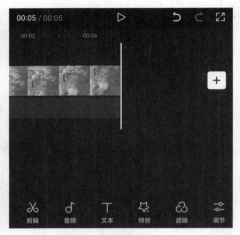

图 1.28 删除视频　　　　　　　　图 1.29 完成剪辑操作

1.4.2 练习实例：添加字幕和设置样式

下面介绍在剪映手机版中添加字幕和设置样式的操作方法。

扫码看教学

步骤 01 在 1.4.1 小节的基础上，点击一级工具栏中的"文本"按钮，如图 1.30 所示。

步骤 02 在弹出的二级工具栏中点击"新建文本"按钮，如图 1.31 所示。

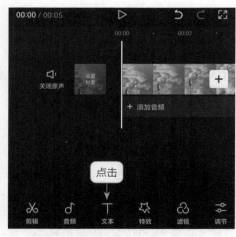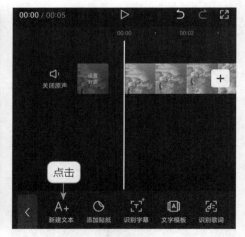

图 1.30 点击"文本"按钮　　　　图 1.31 点击"新建文本"按钮

步骤 03 弹出相应的面板，❶输入文案；❷在"字体"选项卡中选择合适的字体，如图 1.32 所示。

步骤 04 ❶ 切换至"样式"选项卡；❷ 选择合适的样式；❸ 点击 ✔ 按钮，修改文案样式，如图 1.33 所示。

图 1.32　选择合适的字体

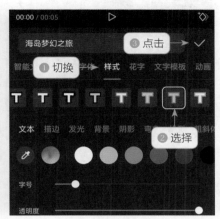

图 1.33　修改文案样式

步骤 05 调整文字的位置，如图 1.34 所示。

步骤 06 调整文字的时长，使其对齐视频的时长，如图 1.35 所示。

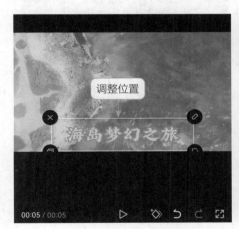

图 1.34　调整文字的位置

图 1.35　调整文字的时长

1.4.3　练习实例：添加背景音乐

下面介绍在剪映手机版中添加背景音乐的操作方法。

步骤 01 在 1.4.2 小节的基础上，点击一级工具栏中的"音频"按钮，如图 1.36 所示。

步骤 02 在弹出的二级工具栏中点击"音乐"按钮，如图 1.37 所示。

扫码看教学

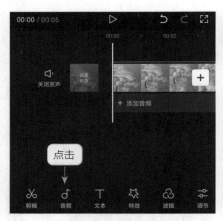

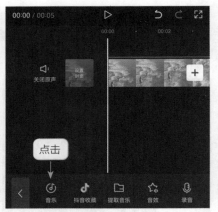

图 1.36　点击"音频"按钮　　　　　　　图 1.37　点击"音乐"按钮

步骤 03　进入"音乐"界面，在"推荐音乐"选项卡下方选择合适的音乐，并点击所选音乐右侧的"使用"按钮，如图 1.38 所示。

步骤 04　成功添加音频后，① 选择音频素材；② 在视频素材的末尾位置点击"分割"按钮，分割音频；③ 点击"删除"按钮，删除多余的音频素材，如图 1.39 所示。

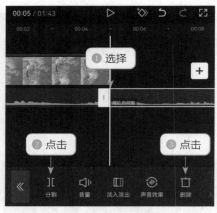

图 1.38　进入"音乐"界面　　　　　　　图 1.39　删除多余的音频素材

1.4.4　练习实例：导出成品视频

下面介绍在剪映手机版中导出成品视频的操作方法。

扫码看教学

步骤 01　① 点击预览区域右下角的■按钮，可全屏预览视频效果；② 点击▶按钮即可播放视频，如图 1.40 所示。

步骤 02　点击"导出"按钮即可导出视频，如图 1.41 所示。

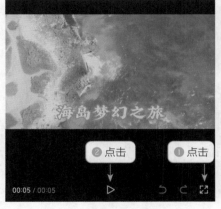
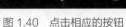

图 1.40　点击相应的按钮

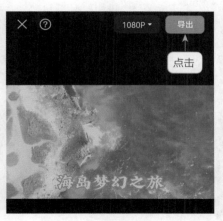

图 1.41　导出视频

📤 本章小结

　　本章主要介绍了与剪映软件相关的基础知识和基础视频编辑的操作流程。首先，简单介绍了短视频剪辑概念；随后详细讲解了剪映手机版和电脑版的下载与安装流程；然后，引领读者认识并熟悉了剪映手机版和电脑版的界面、工具栏、基本功能及其用途；最后，通过一个综合实例的实际操作，带领读者一步步掌握视频编辑的基本流程。

📤 章节练习

　　请使用剪映手机版制作一个有背景音乐、字幕和样式的视频，效果如图1.42 所示。

扫码看教学

扫码看效果

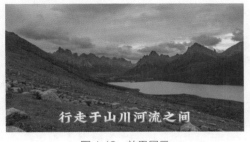

图 1.42　效果展示

第 2 章
核心操作——掌握剪映的精髓

剪映是由抖音官方推出的一款视频剪辑软件，它拥有清晰的操作界面，功能强大的编辑面板，全能易用的操作风格，适用于多种专业的剪辑场景。本章将详细介绍如何使用剪映手机版进行视频处理，包括剪辑、调色、音频编辑，以及文字编辑的操作方法。

2.1 剪辑技巧

　　用户可以运用剪映手机版中的核心功能对视频进行处理，制作出精彩且具有吸引力的视频效果。本节将介绍有关视频剪辑方面的操作技巧。

2.1.1 练习实例：复制和替换素材

　　【效果展示】剪映手机版的素材库中有很多自带的视频素材，用户可以根据需要替换和使用这些素材。效果如图 2.1 所示。

扫码看效果

图 2.1 效果展示

　　下面介绍在剪映手机版中复制和替换素材的操作方法。

扫码看教学

　　步骤 01 在剪映手机版中导入一段视频素材，❶ 选择视频素材；❷ 点击"复制"按钮，复制视频素材，如图 2.2 所示。

　　步骤 02 ❶ 按住第 1 段视频素材右侧的白色边框并向左拖曳，调整第 1 段的视频时长为 2.0s；❷ 点击"替换"按钮，如图 2.3 所示。

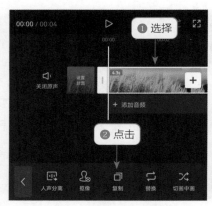

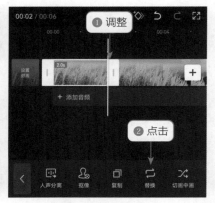

图 2.2　复制视频素材　　　　　　　　图 2.3　替换第 1 段视频素材

步骤 03 进入"照片视频"界面，❶ 切换至"素材库"界面，❷ 在"热门"选项卡中选择相应的素材，如图 2.4 所示。

步骤 04 预览素材，点击"确认"按钮，如图 2.5 所示。

图 2.4　选择相应的素材　　　　　　　图 2.5　点击"确认"按钮

步骤 05 添加背景音乐，在一级工具栏中点击"音频"按钮，如图 2.6 所示。

步骤 06 在弹出的二级工具栏中点击"提取音乐"按钮，如图 2.7 所示。

图 2.6　点击"音频"按钮　　　　　　图 2.7　点击"提取音乐"按钮

步骤 07 进入"照片视频"界面，❶ 选择视频素材；❷ 点击"仅导入视频的声音"按钮，即可提取背景音乐，如图 2.8 所示。

步骤 08 点击"导出"按钮即可导出视频，如图 2.9 所示。

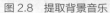

图 2.8 提取背景音乐　　　　　　图 2.9 导出视频

2.1.2 练习实例：设置比例和背景

【效果展示】为了让视频画面的尺寸统一，用户可以使用剪映手机版中的"比例"功能调整画面尺寸，并为其添加背景样式。效果如图 2.10 所示。

扫码看效果

图 2.10 效果展示

扫码看教学

下面介绍在剪映手机版中设置比例和背景的操作方法。

步骤 01 在剪映手机版中导入一段视频素材，在一级工具栏中点击"比例"按钮，如图 2.11 所示。

步骤 02 在弹出的"比例"面板中，❶ 选择1:1选项；❷ 点击✓按钮，如图 2.12 所示。

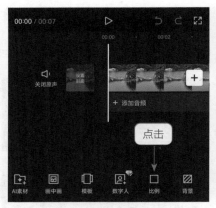

图2.11 点击"比例"按钮

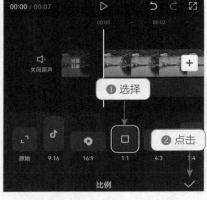

图2.12 点击相应的按钮（1）

步骤 03 执行操作后，回到一级工具栏，点击"背景"按钮，如图2.13所示。

步骤 04 在弹出的二级工具栏中点击"画布样式"按钮，如图2.14所示。

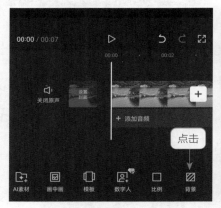

图2.13 点击"背景"按钮

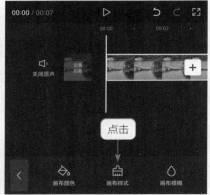

图2.14 点击"画布样式"按钮

步骤 05 在弹出的"影像"面板中，❶选择一款合适的画布样式；❷点击✓按钮，如图2.15所示。

步骤 06 执行操作后，点击"导出"按钮即可导出视频，如图2.16所示。

图2.15 点击相应的按钮（2）

图2.16 导出视频

2.2　调色技巧

剪映中的调色功能，如添加滤镜和调节参数，主要用于增强视频的视觉吸引力。添加滤镜可以快速为视频画面赋予不同的风格和氛围，多样化的滤镜选择能够满足各种创作需求，让视频更具艺术感和视觉冲击力。而调节参数进行调色，则允许用户精细地控制视频的亮度、饱和度、色温，以及色调等关键参数，进一步优化视频的色彩表现。本节将详细介绍这些调色功能的操作方法。

2.2.1　练习实例：通过添加滤镜进行调色

【效果对比】当用户拍摄出来的视频画面比较灰暗时，可以在剪映手机版中添加合适的滤镜，以增强视频的亮度与清晰度，使整体画面更加明亮、清晰。效果对比如图 2.17 所示。

扫码看效果

图 2.17　效果对比

下面介绍在剪映手机版中通过添加滤镜进行调色的操作方法。

扫码看教学

步骤 01 在剪映手机版中导入一段视频素材，在一级工具栏中点击"滤镜"按钮，如图 2.18 所示。

步骤 02 进入"滤镜"界面，❶ 切换至"风景"选项卡；❷ 选择"景明"滤镜；❸ 点击 ✓ 按钮，确认添加滤镜效果，如图 2.19 所示。

图 2.18　点击"滤镜"按钮　　　　　　　图 2.19　点击相应的按钮

步骤 03 成功添加"景明"滤镜，如图 2.20 所示。

步骤 04 操作完成后，点击"导出"按钮即可导出视频，如图 2.21 所示。

图 2.20　添加"景明"滤镜　　　　　　　图 2.21　导出视频

2.2.2　练习实例：通过调节参数进行调色

扫码看效果

【效果对比】如果视频画面的光线不够明亮，色彩不够鲜艳，或者有过度曝光等问题，可以先使用"智能调色"功能，然后调节相应的参数，为画面进行调色。效果对比如图 2.22 所示。

图 2.22　效果对比

下面介绍在剪映手机版中通过调节参数进行调色的操作方法。

步骤 01 在剪映手机版中导入一段视频素材，点击"调节"按钮，如图 2.23 所示。

步骤 02 进入"调节"界面，选择"智能调色"选项，如图 2.24 所示，进行快速调色，优化视频画面。

图 2.23　点击"调节"按钮

图 2.24　选择"智能调色"选项

步骤 03 继续调整视频画面，设置"饱和度"参数为 15，让画面色彩变得更加鲜艳，如图 2.25 所示。

步骤 04 设置"色温"参数为 –15，让画面偏冷色调，如图 2.26 所示。

图 2.25　设置"饱和度"参数

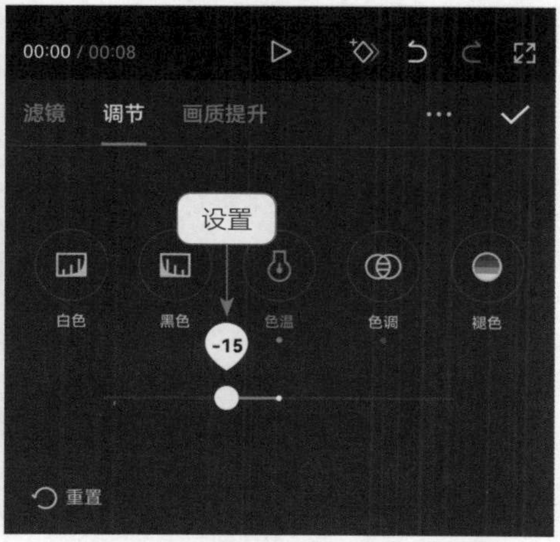

图 2.26　设置"色温"参数

步骤 05 ❶ 设置"色调"参数为 –10，让画面偏蓝绿色调；❷ 点击✓按钮，确认操作，如图 2.27 所示。

步骤 06 点击"导出"按钮即可导出视频，如图 2.28 所示。

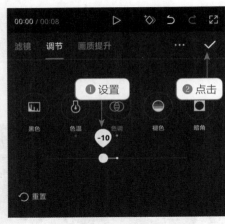
图 2.27　点击相应的按钮

图 2.28　导出视频

2.3　音频编辑

音频是短视频不可或缺的内容元素，用户可以通过添加背景音乐、设置音量参数以及设置音频的淡入/淡出效果增强视频的沉浸感和表现力，营造出特定的氛围和情感，使视频内容更加丰富多彩且引人入胜。本节将详细介绍这些音频处理技巧。

2.3.1　练习实例：添加背景音乐

扫码看效果

【效果展示】在剪映手机版中，可以添加合适的背景音乐，使视频不再单调。视频效果如图 2.29 所示。

图 2.29　效果展示

下面介绍在剪映手机版中为视频添加背景音乐的操作方法。

扫码看教学

步骤 01　在剪映手机版中导入一段视频素材，在一级工具栏中点击"音频"按钮，如图 2.30 所示。

步骤 02　在弹出的二级工具栏中点击"音乐"按钮，如图 2.31 所示。

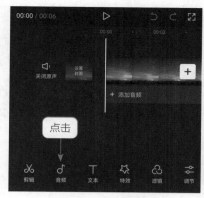
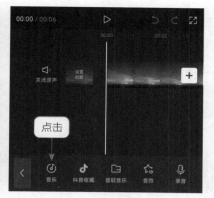

图 2.30　点击"音频"按钮　　　　　　　图 2.31　点击"音乐"按钮

步骤 03 进入"音乐"界面，❶ 切换至"收藏"选项卡；❷ 在下方列表中选择相应的音乐进行试听；❸ 点击"使用"按钮，如图 2.32 所示。

步骤 04 成功添加音频后，❶ 选择音频素材；❷ 在视频素材的末尾处点击"分割"按钮，分割音频；❸ 点击"删除"按钮，删除多余的音频，如图 2.33 所示。

📢 温馨提示

剪映的音乐库中提供了大量音乐，用户可以根据视频风格选择合适的音乐。

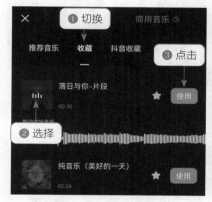
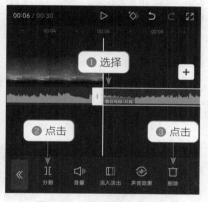

图 2.32　进入"音乐"界面　　　　　　　图 2.33　删除多余的音频

2.3.2　练习实例：设置音量参数

【效果展示】在视频剪辑的过程中，设置音量参数是确保音频与视频内容和谐统一的关键步骤。它不仅能避免音量过高导致失真，还能防止音量过低导致听不清楚，让视频在不同的播放环境下都能保持适宜的听觉体验。视频效果如图 2.34 所示。

扫码看效果

图 2.34　效果展示

下面介绍在剪映手机版中设置音量参数的操作方法。

扫码看教学

步骤 01 在剪映手机版中导入一段视频素材，依次点击"音频"按钮和"音乐"按钮，为视频添加背景音乐，如图 2.35 所示。

步骤 02 ❶ 选择音频素材；❷ 点击"音量"按钮，调节音量，如图 2.36 所示。

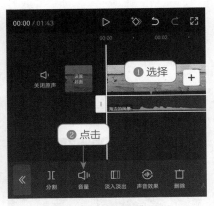

图 2.35　添加背景音乐　　　　　　　图 2.36　点击"音量"按钮

步骤 03 在弹出的"音量"面板中，❶ 设置"音量"参数为 400，扩大音量；❷ 点击✓按钮，确认操作，如图 2.37 所示。

步骤 04 ❶ 选择音频素材；❷ 在视频素材的末尾处点击"分割"按钮，分割音频；❸ 点击"删除"按钮，删除多余的音频，如图 2.38 所示。

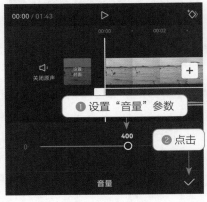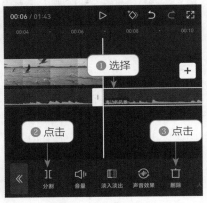

图 2.37　扩大音量　　　　　　　　　图 2.38　删除多余的音频

2.3.3 练习实例：设置音频淡入／淡出

【效果展示】淡入是指背景音乐开始时，声音缓缓变大的过程；淡出则是指背景音乐结束时，声音渐渐减弱直至消失的过程。通过为短视频设置淡入／淡出音频效果，可以使背景音乐的过渡更加自然，避免突兀感，从而给观众带来更加舒适的视听体验。视频效果如图 2.39 所示。

扫码看效果

图 2.39　效果展示

下面介绍在剪映手机版中设置音频淡入／淡出的操作方法。

扫码看教学

步骤 01 在剪映手机版中导入一段视频素材，依次点击"音频"按钮和"音乐"按钮，为视频添加背景音乐，如图 2.40 所示。

步骤 02 ❶ 选择音频素材；❷ 在视频素材的末尾处点击"分割"按钮，分割音频；❸ 点击"删除"按钮，删除多余的音频，如图 2.41 所示。

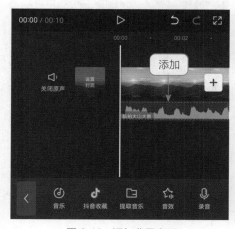 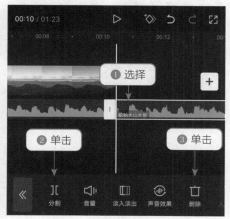

图 2.40　添加背景音乐　　　　　图 2.41　删除多余的音频

步骤 03 执行操作后，❶ 选择剩下的音频素材；❷ 点击"淡入淡出"按钮，如图 2.42 所示。

步骤 04 弹出相应的面板，拖曳"淡入时长"右侧的白色滑块，设置"淡入时长"参数为 2.5s，如图 2.43 所示。

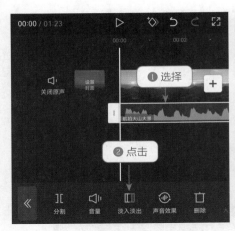

图 2.42　点击"淡入淡出"按钮

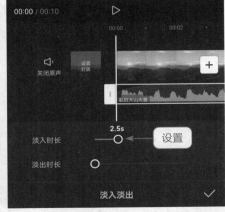

图 2.43　设置"淡入时长"参数

步骤 05 ❶ 拖曳"淡出时长"右侧的白色滑块，设置"淡出时长"参数为 4s，❷ 点击✓按钮，如图 2.44 所示。

步骤 06 执行操作后，会发现音频的前后音量都有所下降，如图 2.45 所示。

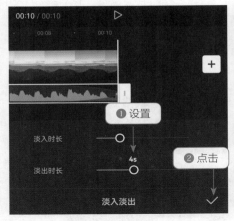

图 2.44　设置"淡出时长"参数

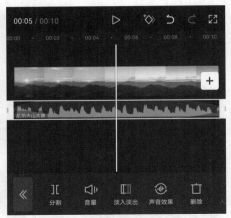

图 2.45　查看整体效果

2.4　文字编辑

在视频剪辑过程中，用户可以对文字进行多样化的编辑，如添加文字模板、贴纸及文字动画等，以此来增强视觉冲击力，使文字更好地融入并匹配视频的整体风格。本节将详细介绍与文字编辑相关的操作方法。

2.4.1　练习实例：添加文字模板

【效果展示】在剪映手机版中有许多新颖好用的文字模板，一键即可套用，让视频内容更加丰富。效果如图2.46所示。

扫码看效果

图2.46　效果展示

下面介绍在剪映手机版中添加文字模板的操作方法。

步骤 01 在剪映手机版中导入一段视频素材，在一级工具栏中点击"文本"按钮，如图2.47所示。

步骤 02 在弹出的二级工具栏中点击"新建文本"按钮，如图2.48所示。

扫码看教学

图2.47　点击"文本"按钮　　　　图2.48　点击"新建文本"按钮

步骤 03 ❶ 在输入框中输入"邂逅晚霞"，❷ 切换至"文字模板"→"热门"选项卡；❸ 选择合适的文字模板，如图2.49所示。

步骤 04 ❶ 调整文字的大小和位置；❷ 点击☑按钮，确认操作，如图2.50所示。

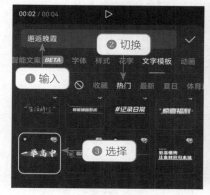

图2.49　选择合适的文字模板　　　　图2.50　点击相应的按钮

步骤 05 调整文字的时长，使其对齐视频的时长，如图 2.51 所示。

步骤 06 操作完成后，点击"导出"按钮即可导出视频，如图 2.52 所示。

图 2.51　调整文字的时长　　　　图 2.52　导出视频

2.4.2　练习实例：添加贴纸

扫码看效果

【效果展示】在剪映手机版中，为短视频添加贴纸效果，不仅可以让画面更加精彩、有趣，还能巧妙地强调视频的特定部分，传达额外的视觉信息，从而加深观众的记忆点。效果如图 2.53 所示。

图 2.53　效果展示

下面介绍在剪映手机版中添加贴纸的操作方法。

步骤 01 在剪映手机版中导入一段视频素材，点击"贴纸"按钮，如图 2.54 所示。

扫码看教学

步骤 02 进入相应的界面，❶切换至"暑假"选项卡；❷选择一款合适的贴纸；❸点击✓按钮，确认操作，如图 2.55 所示。

步骤 **03** 调整贴纸的时长，使其对齐视频的时长，如图2.56所示。

步骤 **04** ❶ 调整贴纸的大小和位置；❷ 点击"导出"按钮即可导出视频，如图2.57所示。

图2.54 点击"贴纸"按钮

图2.55 点击相应的按钮

图2.56 调整贴纸的时长

图2.57 导出视频

2.4.3 练习实例：添加文字动画

【效果展示】为视频中的文字添加动画效果，是一种非常新颖的表现形式。特别地，当为文字添加入场动画效果时，可以让其出现时显得更加自然流畅，增强观众的视觉体验。效果如图2.58所示。

扫码看效果

图2.58 效果展示

下面介绍在剪映手机版中添加文字动画的操作方法。

步骤 01 在剪映手机版中导入一段视频素材，依次点击"文本"按钮和"新建文本"按钮，如图 2.59 所示。

步骤 02 ❶ 在输入框中输入"秀美山川"；❷ 在"字体"→"热门"选项卡中选择合适的字体，如图 2.60 所示。

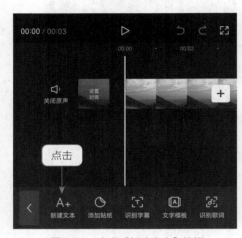

图 2.59　点击"新建文本"按钮

图 2.60　选择合适的字体

步骤 03 ❶ 切换至"花字"→"蓝色"选项卡；❷ 选择一款花字，如图 2.61 所示。

步骤 04 ❶ 切换至"动画"选项卡；❷ 在"入场"选项区选择"冰女 v 雪飘动"动画效果；❸ 点击✓按钮，确认操作，如图 2.62 所示。

图 2.61　选择一款花字

图 2.62　点击相应的按钮

步骤 05 调整文字的时长，使其对齐视频的时长，如图 2.63 所示。

步骤 06 ❶ 调整文字的大小和位置；❷ 点击"导出"按钮即可导出视频，如图 2.64 所示。

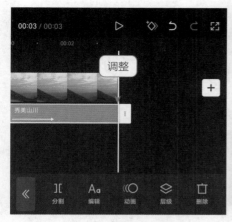

图 2.63 调整文字的时长

图 2.64 导出视频

📤 本章小结

　　本章主要介绍了如何使用剪映手机版中的核心功能对视频进行处理。首先，介绍了在剪映手机版中的剪辑技巧，如复制和替换素材、设置比例和背景；其次，介绍了调色的两种技巧，分别是通过添加滤镜调色和通过调节参数调色；然后，介绍了音频编辑的技巧，如添加背景音乐、设置音量参数及设置音频淡入／淡出效果等；最后，介绍了文字编辑的技巧，如添加文字模板、贴纸及文字动画等。本章通过对实例的实际操作，带领读者一步步地掌握视频剪辑的操作方法。

📤 章节练习

　　请使用剪映手机版为文字添加合适的动画效果，效果如图 2.65 所示。

图 2.65 效果展示

扫码看教学

扫码看效果

第 3 章

AI 自动写文案——释放创意的文字魔法

一段优秀的文案能够为视频注入灵魂。当面对一段视频不知道输入什么文案来表达视频内容、传递信息时，就可以使用剪映中的 AI 功能编写文案。剪映还可以智能编写讲解文案和营销广告，帮助更多的个人和自媒体运营短视频账号。使用剪映的"图文成片"功能，用户可以定制各种风格类型的短视频脚本文案，为视频制作提供更多的便利。

3.1　AI 生成脚本文案

在剪映中，使用 AI 功能生成文案时，用户需要输入一定的提示词，以便剪映的 AI 系统进行智能分析，并整合出用户所需要的文案内容。需要注意的是，即使是相同的提示词，剪映的 AI 系统每次生成的文案也略不相同。本节将详细介绍相应的操作方法。

3.1.1　练习实例：智能包装文案

【效果展示】"包装"就是让视频的内容更加丰富、形式更加多样。剪映中的"智能包装"功能可以一键为视频添加文字，并进行包装。该功能目前仅支持剪映手机版。效果如图 3.1 所示。

扫码看效果

图 3.1　效果展示

下面介绍在剪映手机版中使用"智能包装"功能的操作方法。

步骤 01　在剪映手机版中导入一段视频素材，在一级工具栏中点击"文本"按钮，如图 3.2 所示。

步骤 02　在弹出的二级工具栏中点击"智能包装"按钮，如图 3.3 所示。

扫码看教学

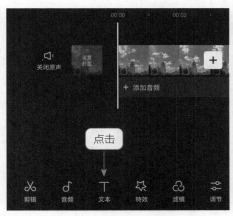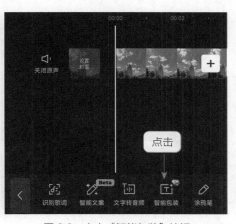

图 3.2　点击"文本"按钮　　　　图 3.3　点击"智能包装"按钮

步骤 03 弹出相应的进度提示，如图 3.4 所示，稍等片刻。

步骤 04 生成智能文字模板，点击"编辑"按钮，如图 3.5 所示。

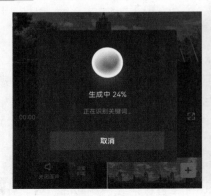

图 3.4　弹出相应的进度提示　　　　　　图 3.5　点击"编辑"按钮

步骤 05 弹出相应的面板，点击 **1↓** 按钮，如图 3.6 所示。

步骤 06 ❶ 修改为英文文字后；❷ 点击 ✓ 按钮，如图 3.7 所示。

图 3.6　点击相应的按钮（1）　　　　　　图 3.7　点击相应的按钮（2）

步骤 07 ❶ 选择视频素材；❷ 在文字素材的末尾处点击"分割"按钮，分割视频；❸ 点击"删除"按钮，删除多余的视频，如图 3.8 所示。

步骤 08 点击"导出"按钮即可导出视频，如图 3.9 所示。

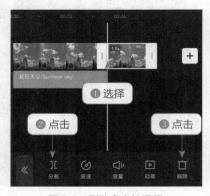

图 3.8　删除多余的视频　　　　　　　图 3.9　导出视频

3.1.2　练习实例：智能文案推荐

【效果展示】在剪映中，使用"智能文案"功能时，系统会根据视频的内容推荐多条文案，用户只需选择自己满意的一条即可。效果如图3.10所示。

扫码看效果

图3.10　效果展示

下面介绍在剪映手机版中使用"智能文案"功能的操作方法。

步骤 01 在剪映手机版中导入一段视频素材，在一级工具栏中点击"文本"按钮，如图3.11所示。

步骤 02 在弹出的二级工具栏中点击"智能文案"按钮，如图3.12所示。

扫码看教学

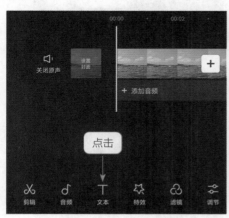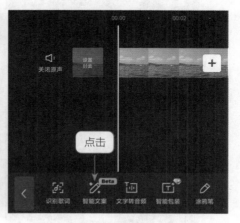

图3.11　点击"文本"按钮　　　　图3.12　点击"智能文案"按钮

步骤 03 在弹出的"文案推荐"面板中，❶ 选择一条合适的文案；❷ 点击◎按钮，如图3.13所示。

步骤 04 修改文案样式，点击下方工具栏中的"编辑"按钮，如图3.14所示。

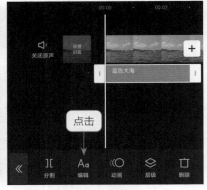

图 3.13　点击相应的按钮（1）　　　　图 3.14　点击"编辑"按钮

步骤 05 ❶ 切换至"文字模板"→"片头标题"选项卡；❷ 选择一款合适的文字模板，如图 3.15 所示。

步骤 06 ❶ 调整文字的大小和位置；❷ 点击 ✓ 按钮，确认操作，如图 3.16 所示。

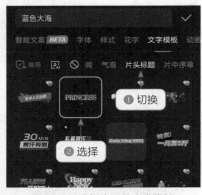

图 3.15　选择合适的文字模板　　　　图 3.16　点击相应的按钮（2）

步骤 07 调整文字的时长，使其对齐视频的时长，如图 3.17 所示。

步骤 08 点击"导出"按钮即可导出视频，如图 3.18 所示。

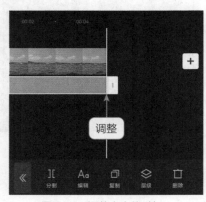

图 3.17　调整文字的时长　　　　图 3.18　导出视频

3.1.3　练习实例：智能编写讲解文案

【效果展示】在剪映中，使用"智能文案"功能撰写一段介绍文昌塔的短视频脚本文案。效果如图 3.19 所示。

扫码看效果

文昌塔 位于湖南祁阳市 湘江东岸万卷书岩上

体现了劳动人民智慧的结晶

图 3.19　效果展示

下面介绍在剪映手机版中智能编写讲解文案的操作方法。

步骤 01　在剪映手机版中导入一段视频素材，在一级工具栏中点击"文本"按钮，如图 3.20 所示。

步骤 02　在弹出的二级工具栏中点击"智能文案"按钮，如图 3.21 所示。

扫码看教学

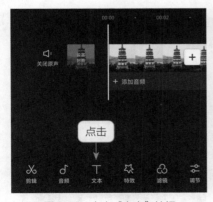

图 3.20　点击"文本"按钮

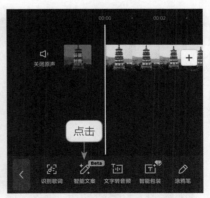

图 3.21　点击"智能文案"按钮

步骤 03　弹出相应的面板，❶ 切换至"智能文案"选项卡；❷ 选择文案主题为"自定义主题"；❸ 输入主题内容为"写一篇介绍文昌塔的讲解文案"，补充要求为"50字"；❹ 点击"生成旁白"按钮，如图 3.22 所示。

图 3.22　点击相应的按钮（1）

步骤 04　稍等片刻，即可生成文案内容，点击"应用"按钮，如图 3.23 所示。

步骤 05　弹出相应的面板，❶ 选择"添加文本＆文本朗读"选项；❷ 点击"添加至轨道"按钮，如图 3.24 所示。

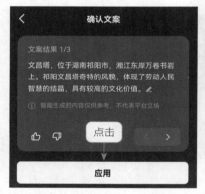
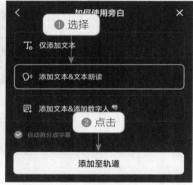

图 3.23　点击"应用"按钮　　　　图 3.24　点击相应的按钮（2）

步骤 06　在弹出的"音色选择"面板中，❶ 选择"阳光男生"选项；❷ 点击✓按钮，为文案配音，如图 3.25 所示。

步骤 07　修改文案样式，点击"编辑字幕"按钮，如图 3.26 所示。

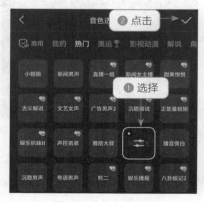
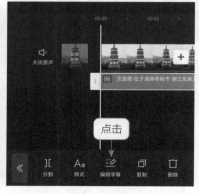

图 3.25　为文案配音　　　　　　图 3.26　点击"编辑字幕"按钮

步骤 08 弹出相应的面板，❶ 选择第 1 段文字；❷ 点击 Aa 按钮，如图 3.27 所示。

步骤 09 ❶ 切换至"字体"→"热门"选项卡；❷ 选择一款合适的字体，如图 3.28 所示。

图 3.27　点击相应的按钮（3）　　　　　　　图 3.28　选择合适的字体

步骤 10 ❶ 切换至"样式"选项卡；❷ 选择一个样式；❸ 设置"字号"参数为 6，微微放大文字，❹ 点击✓按钮，如图 3.29 所示。

步骤 11 点击"导出"按钮即可导出视频，如图 3.30 所示。

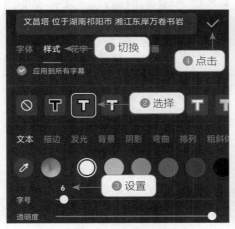

图 3.29　点击相应的按钮（4）　　　　　　　图 3.30　导出视频

3.1.4　练习实例：智能编写营销广告

【效果展示】在剪映中使用 AI 功能编写营销广告时，也需要输入相应的提示词，这样系统才能编写出满足用户需求的文案，并生成相应的字幕，效果如图 3.31 所示。

扫码看效果

041

图 3.31 效果展示

扫码看教学

下面介绍在剪映手机版中智能编写营销广告的操作方法。

步骤 01 在剪映手机版中导入一段视频素材，在一级工具栏中点击"文本"按钮，如图 3.32 所示。

步骤 02 在弹出的二级工具栏中点击"智能文案"按钮，如图 3.33 所示。

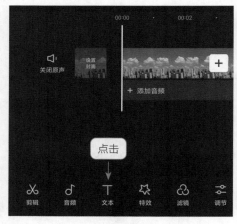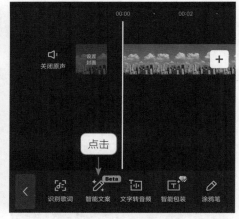

图 3.32 点击"文本"按钮　　　　　图 3.33 点击"智能文案"按钮

步骤 03 弹出相应的面板，❶ 切换至"智能文案"选项卡；❷ 选择文案主题为"营销广告"；❸ 输入产品名为"相机三脚架"，产品卖点为"稳定、便携"；❹ 点击"生成旁白"按钮，如图 3.34 所示。

步骤 04 稍等片刻，即可生成文案内容，点击"应用"按钮，如图 3.35 所示。

步骤 05 弹出相应的面板，❶ 选择"添加文本＆文本朗读"选项；❷ 点击"添加至轨道"按钮，如图 3.36 所示。

温馨提示

如果对 AI 生成的文案不满意，可以点击 ▶ 按钮，再次生成，重新选择自己想要的文案。

图 3.34　点击相应的按钮（1）

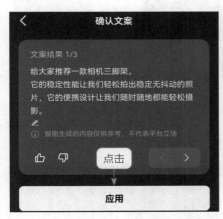
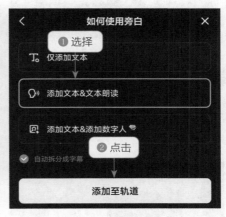

图 3.35　点击"应用"按钮　　　　　　图 3.36　点击相应的按钮（2）

步骤 06　在弹出的"音色选择"面板中，❶ 选择"知性女声"选项；❷ 点击 ✓ 按钮，为文案配音，如图 3.37 所示。

步骤 07　修改文案样式，在界面下方的工具栏中点击"编辑字幕"按钮，如图 3.38 所示。

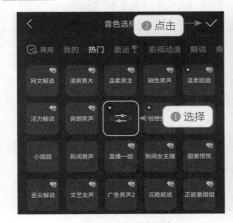
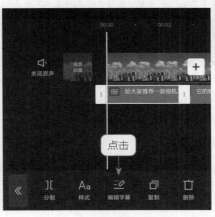

图 3.37　为文案配音　　　　　　图 3.38　点击"编辑字幕"按钮

步骤 08 弹出相应的面板，❶ 选择第 1 段文字；❷ 点击 Aa 按钮，如图 3.39 所示。

步骤 09 在 "样式" 选项卡中，❶ 选择一个样式；❷ 设置 "字号" 参数为 6，微微放大文字；❸ 点击 ✔ 按钮，如图 3.40 所示。

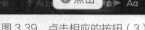

图 3.39　点击相应的按钮（3）

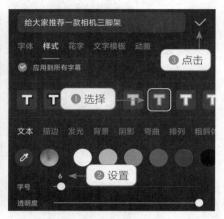

图 3.40　点击相应的按钮（4）

步骤 10 ❶ 切换至 "字体" → "热门" 选项卡；❷ 选择一款合适的字体，如图 3.41 所示。

步骤 11 ❶ 选择视频素材；❷ 在音频的末尾位置点击 "分割" 按钮，分割视频；❸ 点击 "删除" 按钮，删除多余的视频，如图 3.42 所示。

图 3.41　选择合适的字体

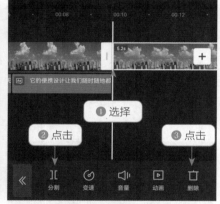

图 3.42　删除多余的视频

📢 温馨提示

　　剪映中的 "智能文案" 功能有多种主题可供用户选择，除了 "营销广告" 外，还有 "励志鸡汤" "美食推荐" "旅游感悟" 及 "生活记录" 等。

3.2 使用图文成片编写文案

在短视频的创作过程中，用户常常会遇到一些问题：怎么又快又好地写出短视频文案呢？如何精准地写出符合自己需求的文案呢？目前，剪映的"图文成片"功能就能有效地帮助用户解决这些问题。

本节主要介绍使用"图文成片"功能生成短视频脚本文案的操作方法。

3.2.1 练习实例：智能获取链接中的文案

要想智能获取链接中的文案，用户需要先选好头条文章，复制其链接，并粘贴到剪映中的"图文成片"界面中，AI即可通过链接提取文章中的文案内容。

扫码看教学

下面介绍在剪映手机版中智能获取链接中的文案的操作方法。

步骤 01 在手机应用市场下载并安装好今日头条 App 之后，点击"今日头条"图标，打开今日头条，如图 3.43 所示。

步骤 02 ❶ 在搜索栏中输入"手机摄影构图大全"；❷ 点击"搜索"按钮，弹出相应的搜索结果；❸ 选择相应的账号，如图 3.44 所示。

温馨提示

用户在使用"图文成片"功能获取链接内容时，需要注意的是，AI 获取的文章内容只支持文字提取，不支持图片或视频的提取。用户可以根据文案的需求自行挑选文章。

图 3.43 打开今日头条

图 3.44 选择相应的账号

步骤 03 进入账号的首页，❶ 切换至"文章"选项卡；❷ 点击相应文章的标题，如图 3.45 所示。

步骤 04 进入文章详情界面，点击右上角的 ⋯ 按钮，如图 3.46 所示。

图 3.45　点击相应文章的标题　　　　图 3.46　点击相应的按钮（1）

步骤 05 在弹出的"更多功能"面板中点击"复制链接"按钮，复制文章的链接，如图 3.47 所示。

步骤 06 打开剪映手机版，进入"剪辑"界面，点击"图文成片"按钮，如图 3.48 所示。

图 3.47　复制文章的链接　　　　　　图 3.48　点击"图文成片"按钮

步骤 07 进入"图文成片"界面，点击"自由编辑文案"按钮，如图 3.49 所示。

步骤 08 进入相应的界面，点击 🔗 按钮，如图 3.50 所示。

图 3.49　点击"自由编辑文案"按钮　　图 3.50　点击相应的按钮（2）

步骤 09 弹出相应的面板，❶粘贴文章链接；❷点击"获取文案"按钮，如图 3.51 所示。

步骤 10 稍等片刻，即可获取文章的文案内容，如图 3.52 所示。

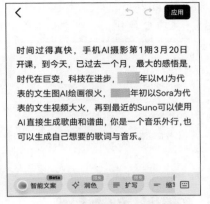

图 3.51 点击"获取文案"按钮　　　　　　图 3.52 成功获取文案内容

温馨提示

获取链接文案后，还可以进行二次编辑，让文案内容更符合自身需求。

3.2.2 练习实例：智能编写美食教程文案

在剪映的"图文成片"功能中，用户除了可以自由编辑文案外，还可以让它智能生成各种类型和风格的文案，如智能编写美食教程文案、智能编写美食推荐文案等。

扫码看教学

下面介绍在剪映手机版中智能编写美食教程文案的操作方法。

步骤 01 打开剪映手机版，进入"剪辑"界面，点击"图文成片"按钮，如图 3.53 所示。

步骤 02 进入"图文成片"界面，选择"美食教程"选项，如图 3.54 所示。

图 3.53 点击"图文成片"按钮　　　　　图 3.54 选择"美食教程"选项

步骤 03 进入"美食教程"界面，❶输入"美食名称"为"青椒炒肉"，"美食做法"

为"香辣味做法"；❷设置"视频时长"为"1分钟左右"；❸点击"生成文案"按钮，如图3.55所示。

步骤 04 稍等片刻，即可生成相应的文案结果，如图3.56所示。点击❯按钮，可以切换文案；点击C按钮，可以重新生成文案。

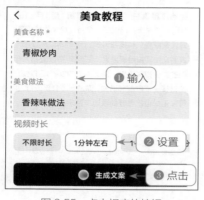

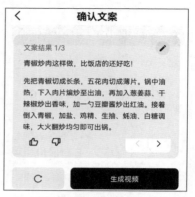

图3.55　点击相应的按钮　　　　　图3.56　生成相应的文案结果

本章小结

　　本章主要介绍了如何使用剪映手机版中的AI功能自动编写文案。首先，介绍了在剪映手机版使用AI生成脚本文案的四种方法，包括智能包装文案、智能文案推荐、智能编写讲解文案以及智能编写营销广告；然后，介绍了在剪映手机版中使用"图文成片"功能编写文案的两种方式，包括智能获取链接中的文案和智能编写美食教程文案。本章通过对案例的实际操作，带领读者掌握AI自动编写文案的操作方法。

章节练习

扫码看教学

扫码看效果

请使用剪映手机版的"文案推荐"功能制作以下效果，如图3.57所示。

图3.57　效果展示

第 4 章

AI 音效——克隆音色与制作卡点视频

随着 AI 技术的发展，语音克隆技术日益成熟。这项技术不仅可以为个人用户定制专属的声音形象，还可以为语音助手、广告和游戏等提供配音服务。此外，剪映中的"节拍"功能作为一种音频编辑工具，经常被用来制作卡点视频，该功能创作出的视频内容富有动感和吸引力。本章将介绍在剪映手机版中克隆个人专属音色以及制作卡点视频的操作方法。

4.1 生成克隆音色

克隆音色是一种利用 AI 技术，通过分析和学习目标声音的特征，生成与之高度相似的声音的技术。这种技术能够实现将文本转化为特定人物的声音输出，广泛应用于各种需要特定音色配音的场景。

剪映为用户提供了"克隆音色"功能，通过这一功能，用户可以轻松克隆自己的声音或者他人的声音，使得视频配音更加多样化和个性化。本节将详细介绍如何在剪映手机版中克隆自己的音色。

4.1.1 练习实例：录制人声

扫码看教学

在剪映手机版中，用户可以通过"音频"功能克隆自己的声音，仅需录制 10s 人声，即可快速克隆专属音色。

下面介绍在剪映手机版中录制人声的操作方法。

步骤 01 在剪映手机版中导入一段视频素材，在一级工具栏中点击"音频"按钮，如图 4.1 所示。

步骤 02 在弹出的二级工具栏中点击"克隆音色"按钮，如图 4.2 所示。

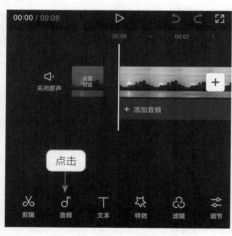
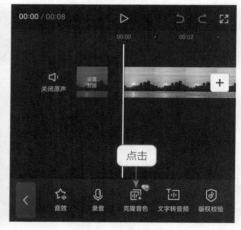

图 4.1 点击"音频"按钮　　　　　　　图 4.2 点击"克隆音色"按钮

步骤 03 在弹出的"克隆音色"面板中点击 + 按钮，如图 4.3 所示。

步骤 04 执行操作后，即可进入"录制音频"界面，点击"点击或长按进行录制"按钮 ◎，如图 4.4 所示。

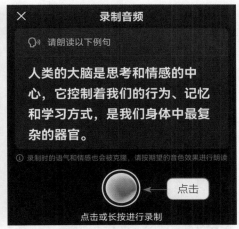

图 4.3　点击相应的按钮（1）　　　　图 4.4　点击"点击或长按进行录制"按钮

步骤 05 用户朗读剪映随机生成的例句，朗读结束后，点击⬤按钮，如图4.5所示，即可完成音色录制。

步骤 06 稍等片刻，即可生成自己的克隆音色，如图4.6所示。

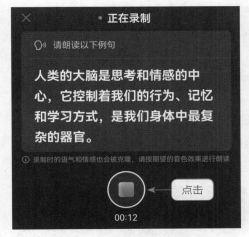

图 4.5　点击相应的按钮（2）　　　　图 4.6　生成自己的克隆音色

4.1.2　练习实例：试听声音

克隆音色生成之后，用户可以在音色生成界面中试听中文或英文例句，如果不满意，可以重新录制。

下面介绍在剪映手机版中试听声音的操作方法。

步骤 01 在4.1.1小节的基础上，❶在"点击试听"下方可以试听中文例句语音或英文例句语音；❷在"音色命名"文本框中可以为克隆音色命名；❸点击"保存音色"按钮，如图4.7所示。

步骤 02 执行上述操作后，在"克隆音色"面板中即可显示生成的克隆音色，如图 4.8 所示。

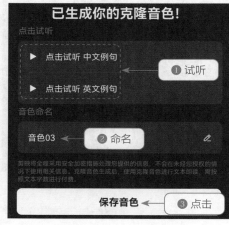

图 4.7　点击相应的按钮　　　　　　图 4.8　显示生成的克隆音色

4.1.3　练习实例：管理音色

扫码看教学

保存好克隆音色之后，用户还可以对音色进行管理，如"重命名"或"删除"音色。

下面介绍在剪映手机版中管理音色的操作方法。

步骤 01 在 4.1.2 小节的基础上，点击"管理"按钮，如图 4.9 所示。

步骤 02 弹出相应的面板，❶ 点击"重命名"按钮，可以为音色重新命名；❷ 点击"删除"按钮，可以删除选中的音色；❸ 点击"完成"按钮即可确认操作，如图 4.10 所示。

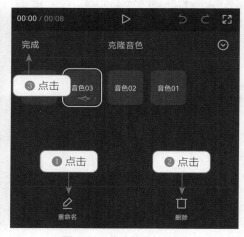

图 4.9　点击"管理"按钮　　　　　　图 4.10　点击相应的按钮

4.2 使用克隆音色生成音频

本节主要介绍在剪映手机版中使用克隆音色生成音频的操作流程。需要注意的是，每次使用克隆音色朗读文本时，需按照2字每积分进行积分扣除，相当于朗读2个文字需要消耗1积分。

【效果展示】在使用克隆音色时，用户需要先输入文本生成音频，然后对需要生成的音频进行编辑，再调整音频的音量，这样呈现的音频效果会更好。效果如图4.11所示。

扫码看效果

图 4.11　效果展示

4.2.1　练习实例：输入文本

下面介绍在剪映手机版中输入文本的操作方法。

步骤 01 在4.1.3小节的基础上，点击"去生成朗读"按钮，如图4.12所示。

扫码看教学

图 4.12　点击"去生成朗读"按钮

步骤 02 进入文本编辑界面，❶ 输入文本内容；❷ 点击"应用"按钮即可使用克隆音色为文字配音，如图 4.13 所示。

图 4.13　使用克隆音色为文字配音

4.2.2　练习实例：生成朗读音频

下面介绍在剪映手机版生成朗读音频的操作方法。

扫码看教学

步骤 01 在 4.2.1 小节的基础上，稍等片刻，即可生成朗读音频，如图 4.14 所示。

步骤 02 ❶ 选择视频素材；❷ 在音频素材的末尾处点击"分割"按钮，分割视频；❸ 点击"删除"按钮，删除多余的视频，如图 4.15 所示。

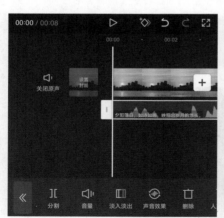

图 4.14　生成朗读音频

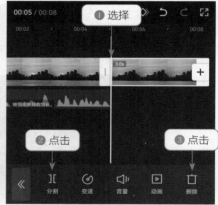

图 4.15　删除多余的视频

4.2.3　练习实例：调整音频的音量

下面介绍在剪映手机版中调整音频的音量的操作方法。

步骤 `01` 在 4.2.2 小节的基础上，❶ 选择音频素材；❷ 点击下方工具栏中的"音量"按钮，如图 4.16 所示。

步骤 `02` 在弹出的"音量"面板中，❶ 设置"音量"参数为 215，扩大音量；❷ 点击 ✓ 按钮，确认操作，如图 4.17 所示。

扫码看教学

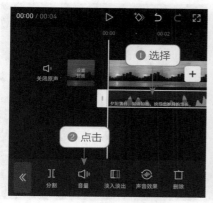

图 4.16　点击"音量"按钮

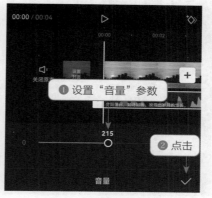

图 4.17　点击相应的按钮

4.3　了解节拍功能

剪映手机版中的"节拍"功能是一款强大的音频编辑工具，它允许用户根据音乐的节奏自动或手动设置标记点，从而实现视频画面与音乐节奏的同步。本节将详细介绍"节拍"功能中的"自动踩点""添加点"和"删除点"功能。

4.3.1　练习实例：自动踩点

【效果展示】"自动踩点"功能能够根据音乐的节奏自动为视频添加标记点，用户可以轻松制作出具有节奏感的卡点视频。效果如图 4.18 所示。

扫码看效果

图 4.18　效果展示

下面介绍在剪映手机版中使用"自动踩点"功能制作视频的操作方法。

扫码看教学

步骤 01 在剪映手机版中导入一段视频素材，❶ 选择视频素材；❷ 点击"音频分离"按钮，如图 4.19 所示，分离音频。

步骤 02 ❶ 选择分离出来的音频素材；❷ 点击"节拍"按钮，如图 4.20 所示。

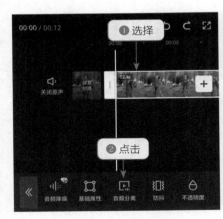

图 4.19　分离音频　　　　　　　　　　图 4.20　点击"节拍"按钮

步骤 03 进入"节拍"界面，❶ 开启"自动踩点"功能；❷ 点击 ✓ 按钮，如图 4.21 所示。

步骤 04 执行操作后，即可在音乐鼓点的位置添加对应的节拍点，节拍点以黄色的小圆点显示，如图 4.22 所示。

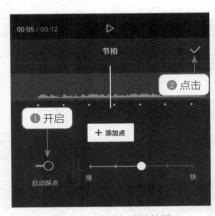

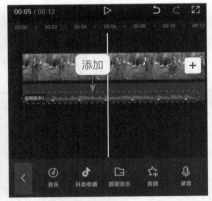

图 4.21　点击相应的按钮　　　　　　　图 4.22　添加对应的节拍点

4.3.2　练习实例：添加点和删除点

扫码看教学

除了可以使用"自动踩点"功能外，用户也可以根据音频的节奏手动添加点或删除点。手动操作更加精准、灵活。

下面介绍在剪映手机版中使用"添加点"和"删除点"功能制作视频的操作方法。

步骤 01 在剪映手机版中导入一段视频素材；① 选择视频素材；② 点击"音频分离"按钮，分离音频，如图4.23所示。

步骤 02 ① 选择音频素材；② 点击"节拍"按钮，如图4.24所示。

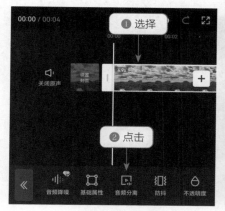

图4.23 分离音频　　　　　　　　　　图4.24 点击"节拍"按钮

步骤 03 在弹出的"节拍"面板中，拖曳时间轴至音乐鼓点的位置，点击"添加点"按钮 +添加点 添加节拍，如图4.25所示。

步骤 04 拖曳时间轴至多余的小黄点位置，点击"删除点"按钮 —删除点 删除节拍，如图4.26所示。

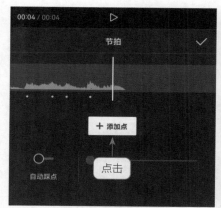
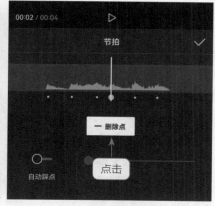

图4.25 添加节拍　　　　　　　　　　图4.26 删除节拍

4.4 根据节拍功能制作卡点视频

了解了剪映手机版中的"节拍"功能之后，用户可以结合剪映中的"节拍""玩法""特效"及"变速"等功能，对视频进行综合处理，制作出精彩的卡点视频。本节将详细介绍制作曲线变速卡点视频和蒙版变化卡点视频的操作方法。

4.4.1　练习实例：制作曲线变速卡点视频

扫码看效果

【效果展示】制作曲线变速卡点视频在于对音乐节奏的把握，以及设置合适的变速点，从而达到曲线卡点的效果。效果如图 4.27 所示。

图 4.27　效果展示

扫码看教学

下面介绍在剪映手机版中制作曲线变速卡点视频的操作方法。

步骤 01 在剪映手机版中导入 4 段视频素材，在一级工具栏中点击"音频"按钮，如图 4.28 所示。

步骤 02 在弹出的二级工具栏中点击"提取音乐"按钮，如图 4.29 所示。

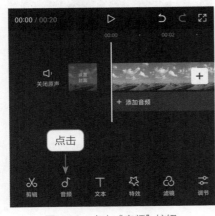

图 4.28　点击"音频"按钮

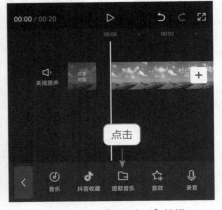

图 4.29　点击"提取音乐"按钮

步骤 03 进入"照片视频"界面，❶ 选择视频素材；❷ 点击"仅导入视频的声音"按钮，提取背景音乐，如图 4.30 所示。

步骤 04 ❶ 选择音频素材；❷ 点击 "节拍" 按钮，如图 4.31 所示。

图 4.30 提取背景音乐

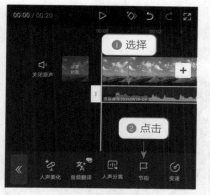

图 4.31 点击 "节拍" 按钮

步骤 05 执行操作后，❶ 点击 "添加点" 按钮 ＋添加点，根据音乐节奏，手动添加 3 个小黄点；❷ 点击 ✓ 按钮，确认操作，如图 4.32 所示。

步骤 06 ❶ 选择第 1 段视频素材；❷ 点击 "变速" 按钮，如图 4.33 所示。

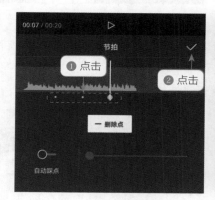

图 4.32 点击相应的按钮（1）

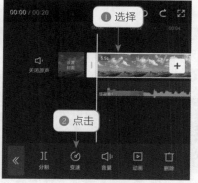

图 4.33 点击 "变速" 按钮

步骤 07 在弹出的工具栏中点击 "曲线变速" 按钮，如图 4.34 所示。

步骤 08 ❶ 选择 "自定" 选项；❷ 点击 "点击编辑" 按钮，如图 4.35 所示。

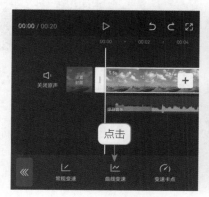

图 4.34 点击 "曲线变速" 按钮

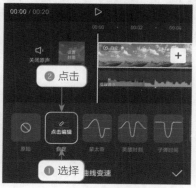

图 4.35 点击 "点击编辑" 按钮

步骤 09 在弹出的"自定"界面中，拖曳前面的 2 个变速点，设置"速度"参数为 10.0x，如图 4.36 所示。

步骤 10 ❶ 在"自定"界面中拖曳后面的 3 个变速点，设置"速度"参数为 0.5x；❷ 点击 ✓ 按钮，确认操作，如图 4.37 所示。

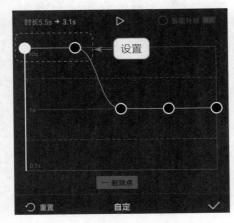

图 4.36 设置"速度"参数　　　　　图 4.37 点击相应的按钮（2）

步骤 11 使用与上面同样的方法为后面 3 段素材进行同样的变速操作，并根据小黄点的位置调整视频轨道中每段素材的时长，如图 4.38 所示。

步骤 12 操作完成后，点击"导出"按钮即可导出视频，如图 4.39 所示。

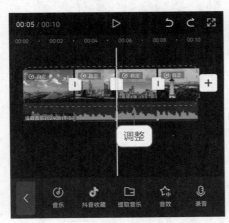

图 4.38 调整视频轨道中每段素材的时长　　　　　图 4.39 导出视频

📣 温馨提示

　　用户可以根据需要适当调整曲线变速的节奏点及变速的幅度，以达到理想的效果。

4.4.2 练习实例：制作蒙版变化卡点视频

【效果展示】在剪映手机版中运用蒙版功能也能制作出卡点视频，使素材在切换蒙版形状中逐渐显现出来。效果如图4.40所示。

扫码看效果

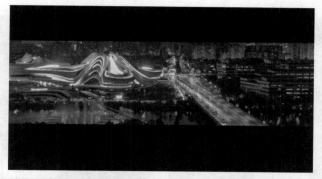

图4.40 效果展示

下面介绍在剪映手机版中制作蒙版变化卡点视频的操作方法。

步骤 01 在剪映手机版中导入一段视频素材，在一级工具栏中点击"音频"按钮，如图4.41所示。

步骤 02 在弹出的二级工具栏中点击"提取音乐"按钮，如图4.42所示。

扫码看教学

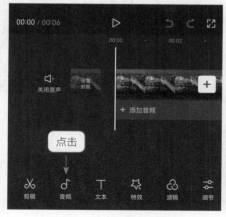

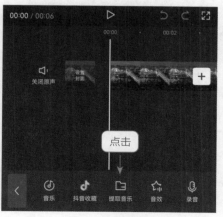

图4.41 点击"音频"按钮　　　　图4.42 点击"提取音乐"按钮

步骤 03 进入"照片视频"界面，❶ 选择视频素材；❷ 点击"仅导入视频的声音"按钮，提取背景音乐，如图 4.43 所示。

步骤 04 ❶ 选择视频素材；❷ 点击◈（关键帧）按钮添加关键帧；❸ 点击"蒙版"按钮，如图 4.44 所示。

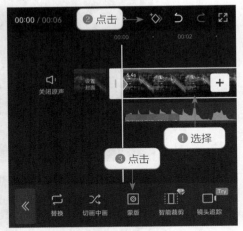

图 4.43 提取背景音乐　　　　　　　图 4.44 点击相应的按钮（1）

步骤 05 ❶ 选择"矩形"选项；❷ 点击✓按钮，如图 4.45 所示。

步骤 06 ❶ 拖曳时间轴至下一个音乐节奏起伏的位置；❷ 点击"蒙版"按钮，如图 4.46 所示。

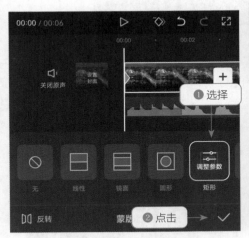

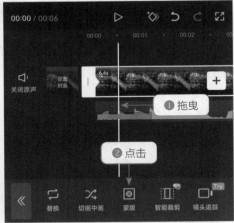

图 4.45 点击相应的按钮（2）　　　　　图 4.46 点击相应的按钮（3）

步骤 07 ❶ 点击↔按钮，调整矩形蒙版的形状大小；❷ 点击✓按钮，确认操作，如图 4.47 所示。

步骤 08 使用与上面同样的方法，根据音乐节奏的起伏为剩下的视频素材设置蒙版，如图 4.48 所示。

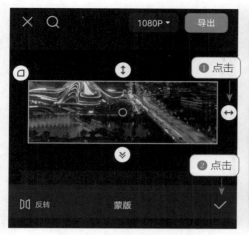

图 4.47　点击相应的按钮（4）

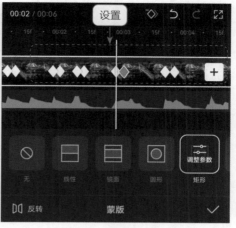

图 4.48　设置蒙版

步骤 09 在最后一个节奏起伏点上，调整蒙版的形状大小，使其铺满屏幕，如图 4.49 所示。

步骤 10 返回到主界面，点击"特效"按钮，如图 4.50 所示。

图 4.49　调整蒙版的形状大小

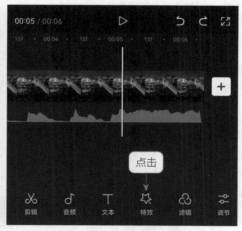

图 4.50　点击"特效"按钮

步骤 11 在弹出的工具栏中，点击"画面特效"按钮，如图 4.51 所示。

步骤 12 进入相应的面板后，❶ 切换至"动感"选项卡；❷ 选择"抖动"特效；❸ 点击 ✓ 按钮，确认操作，如图 4.52 所示。

温馨提示

用户在选择音乐时，尽量选择节奏感较强的卡点音乐，这样适合寻找节奏点。

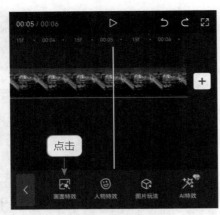

图 4.51　点击"画面特效"按钮

图 4.52　点击相应的按钮（5）

本章小结

　　本章主要介绍了如何使用剪映手机版克隆个人专属音色，以及制作卡点视频。首先，介绍了在剪映手机版中生成克隆音色的操作方法，包括录制人声、试听声音及管理声色；其次，介绍了使用克隆音色生成音频的操作流程。即先输入文本，然后生成朗读音频，最后调整音频的音量；然后，介绍了"节拍"功能，了解了"自动踩点""添加点"和"删除点"功能的操作方法；最后，介绍了两个根据"节拍"功能制作卡点视频的操作实例，分别是曲线变速卡点和蒙版变化卡点。本章通过对实例的实际操作，带领读者掌握克隆音色以及制作卡点视频的操作方法。

章节练习

扫码看教学

扫码看效果

　　请使用剪映手机版的"节拍"功能制作一个蒙版变化卡点视频，效果如图 4.53 所示。

图 4.53　效果展示

第5章
AI 图文成片——从文字到视频的智能转化

剪映的"图文成片"功能非常强大，用户只需要提供文案，即可自动生成一个包含字幕、朗读音频、适配背景音乐及精美画面的完整视频，这一功能极大地提高了视频创作的效率。本章将主要介绍如何使用剪映的"图文成片"功能快速制作短视频。

5.1 使用图文成片功能生成视频

在短视频创作的过程中，用户常面临如何又快又好地撰写视频文案并快速生成视频的挑战。剪映的"图文成片"功能便可满足这一需求。

本节将详细介绍如何使用"图文成片"功能帮助用户轻松、快速地制作出短视频。不过需要注意的是，即使是相同的文案，每次生成的视频在细节上也可能略有不同。

5.1.1 练习实例：智能匹配素材

扫码看效果

【效果展示】用户在使用图文成片中的"智能匹配素材"功能时，只需输入文案或导入链接，系统就会自动为文案匹配视频、图片、音频和文字素材，并在短时间内快速生成一个完整的短视频。效果如图5.1所示。

图5.1 效果展示

扫码看教学

下面介绍在剪映手机版中使用"智能匹配素材"功能生成视频的操作方法。

步骤 01 打开剪映手机版，进入"剪辑"界面，点击"图文成片"按钮，如图5.2所示。

步骤 02 进入"图文成片"界面，点击"自由编辑文案"按钮，如图5.3所示。

图5.2 点击"图文成片"按钮　　　　图5.3 点击"自由编辑文案"按钮

步骤 **03** 进入相应的界面，❶ 输入文案；❷ 点击"应用"按钮，如图 5.4 所示。

步骤 **04** 在弹出的"请选择成片方式"面板中选择"智能匹配素材"选项，如图 5.5 所示。

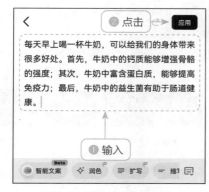

图 5.4 点击"应用"按钮

图 5.5 选择"智能匹配素材"选项

步骤 **05** 稍等片刻，即可生成一段视频，如图 5.6 所示。

步骤 **06** 点击"导出"按钮即可导出视频，如图 5.7 所示。

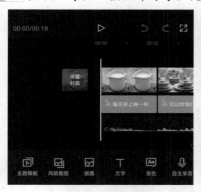

图 5.6 生成视频

图 5.7 导出视频

5.1.2 练习实例：使用本地素材

【效果展示】在进行图文成片的过程中，不仅可以智能匹配素材，还可以手动添加手机本地相册中的视频或图片素材，使得视频制作过程更加灵活、自由，用户的操作空间更广泛。效果如图 5.8 所示。

扫码看效果

图 5.8 效果展示

下面介绍在剪映手机版中使用本地素材生成视频的操作方法。

步骤 01 打开剪映手机版，进入"剪辑"界面，点击"图文成片"按钮。进入"图文成片"界面，点击"自由编辑文案"按钮。进入相应的界面，❶输入文案；❷点击"应用"按钮，如图5.9所示。

步骤 02 在弹出的"请选择成片方式"面板中选择"使用本地素材"选项，如图5.10所示。

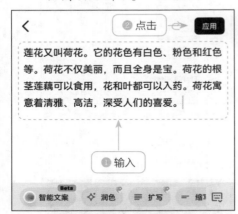

图5.9 点击"应用"按钮　　　　　图5.10 选择"使用本地素材"选项

步骤 03 稍等片刻，即可生成一段视频。点击视频空白处的"添加素材"按钮，如图5.11所示。

步骤 04 弹出相应的界面，❶切换至"照片视频"→"照片"选项卡；❷选择第1张荷花图片，添加素材，如图5.12所示。

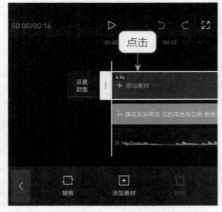

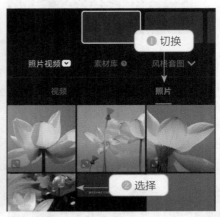

图5.11 点击"添加素材"按钮　　　　图5.12 选择第1张荷花图片

步骤 05 ❶点击第2段空白处；❷选择第2张荷花图片，如图5.13所示。

步骤 06 ❶点击第3段空白处；❷选择第3张荷花图片，如图5.14所示。

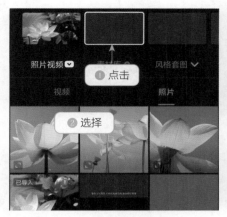

图 5.13　选择第 2 张荷花图片　　　　图 5.14　选择第 3 张荷花图片

⚡ 温馨提示

　　用户在使用"图文成片"功能时，如果对 AI 匹配的素材不满意或者没有相应的本地素材，可以在"素材库"或"风格套图"选项卡中进行查找和替换。

　　步骤 07 ❶点击第 4 段空白处；❷选择第 4 张荷花图片，如图 5.15 所示。

　　步骤 08 点击❌按钮，确认更改，如图 5.16 所示；最后点击"导出"按钮即可导出视频。

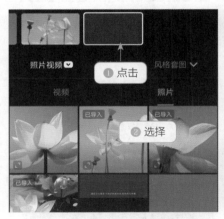

图 5.15　选择第 4 张荷花图片　　　　图 5.16　点击相应的按钮

5.1.3　练习实例：智能匹配表情包

　　【效果展示】通过"图文成片"功能，AI 还可以根据文案内容智能匹配表情包，可以让内容更加生动有趣。效果如图 5.17 所示。

扫码看效果

069

图 5.17　效果展示

扫码看教学

下面介绍在剪映手机版中使用"智能匹配表情包"功能生成视频的操作方法。

步骤 01 打开剪映手机版，进入"剪辑"界面，点击"图文成片"按钮。进入"图文成片"界面，点击"自由编辑文案"按钮。进入相应的界面，❶ 输入文案；❷ 点击"应用"按钮，如图 5.18 所示。

步骤 02 在弹出的"请选择成片方式"面板中选择"智能匹配表情包"选项，如图 5.19 所示。

步骤 03 稍等片刻，即可生成一段视频。如需编辑视频，可以点击"导入剪辑"按钮，如图 5.20 所示。

步骤 04 进入视频编辑界面，在一级工具栏中点击"背景"按钮，如图 5.21 所示。

图 5.18　点击"应用"按钮

图 5.19　选择"智能匹配表情包"选项

图 5.20　点击"导入剪辑"按钮

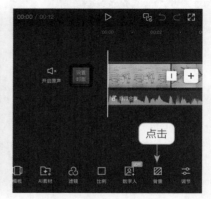

图 5.21　点击"背景"按钮

步骤 05 在弹出的二级工具栏中点击"画布样式"按钮，如图 5.22 所示。

步骤 06 ● 在弹出的"影像"面板中选择一个背景；② 点击"全局应用"按钮，将背景应用到所有的片段，如图 5.23 所示；最后点击"导出"按钮即可导出视频。

温馨提示

需要注意的是，"智能匹配表情包"功能需要开通剪映会员才能使用。

图 5.22　点击"画布样式"按钮　　图 5.23　点击"全局应用"按钮

5.2　图文成片视频的后期编辑

【效果展示】使用"图文成片"功能生成的视频，可以再次导入进行剪辑。用户可以在此类视频的基础上进行二次编辑，不仅可以为字幕设置样式，还可以在素材之间添加转场效果，从而让整个视频更加生动。效果如图 5.24 所示。

扫码看效果

图 5.24　效果展示

本节将详细介绍这些操作方法，帮助用户掌握图文成片视频的后期编辑技巧。

5.2.1 练习实例：设置字幕效果

下面介绍在剪映手机版中设置字幕效果的操作方法。

扫码看教学

步骤 01 打开剪映手机版，进入"剪辑"界面，点击"图文成片"按钮。进入"图文成片"界面，点击"自由编辑文案"按钮。进入相应的界面，① 输入文案；② 点击"应用"按钮，如图5.25所示。

步骤 02 在弹出的"请选择成片方式"面板中选择"智能匹配素材"选项，如图5.26所示。

图5.25 点击"应用"按钮

图5.26 选择"智能匹配素材"选项

步骤 03 稍等片刻，即可生成一段视频；在一级工具栏中点击"文字"按钮，如图5.27所示。

步骤 04 在弹出的二级工具栏中点击"编辑"按钮，如图5.28所示。

图5.27 点击"文字"按钮

图5.28 点击"编辑"按钮

步骤 05 弹出相应的面板，在"字体"→"热门"选项卡中选择合适的字体，如图5.29所示。

步骤 06 ① 切换至"样式"选项卡；② 设置"字号"参数为 8，微微放大文字，如图 5.30 所示。

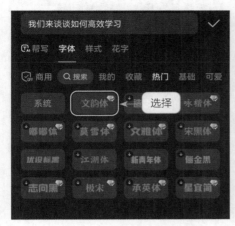

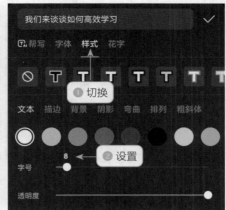

图 5.29　选择合适的字体　　　　　图 5.30　设置"字号"参数为 8

步骤 07 ① 切换至"花字"→"热门"选项卡；② 选择一款花字；③ 点击✔按钮，对文字进行批量编辑，如图 5.31 所示。

步骤 08 点击"导入剪辑"按钮，编辑视频，如图 5.32 所示。

图 5.31　点击相应的按钮　　　　　图 5.32　编辑视频

5.2.2　练习实例：添加转场效果

下面介绍在剪映手机版中添加转场效果的操作方法。

步骤 01 进入视频编辑界面，点击第 1 段素材和第 2 段素材之间的转场按钮 ，如图 5.33 所示。

步骤 02 弹出相应的面板，① 切换至"叠化"选项卡；② 选择"水墨"转场效果；③ 点击"全局应用"按钮，应用到所有片段；④ 点击✔按钮，如图 5.34 所示。最后点击✔按钮，即可完成转场效果的添加。

扫码看教学

图 5.33　点击相应的按钮（1）

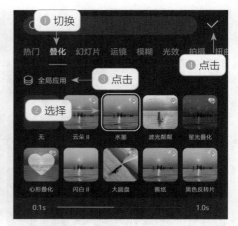

图 5.34　点击相应的按钮（2）

本章小结

　　本章主要介绍了如何使用剪映手机版中的"图文成片"功能生成视频。首先，介绍了在剪映手机版中使用"图文成片"功能生成视频的三种方式，分别是智能匹配素材、使用本地素材和智能匹配表情包；然后，介绍了图文成片视频的后期编辑工作，如设置字幕效果、添加转场效果等。本章通过对实例的实际操作，带领读者掌握了"图文成片"功能的编辑流程。

章节练习

　　请在剪映手机版中使用本地素材制作以下效果，如图 5.35 所示。

扫码看教学

扫码看效果

图 5.35　效果展示

第6章

AI 剪辑——智能剪辑的艺术与技术

随着剪映版本的更新，它带来了更多的 AI 剪辑功能，这些功能可以快速提升剪辑效率，节省剪辑时间。本章将详细介绍如何使用剪映手机版中的 AI 功能剪辑视频，包括智能裁剪功能、智能识别字幕、智能抠像功能及智能补帧功能等。

6.1 AI剪辑入门功能

剪映中的AI剪辑功能可以帮助我们快速剪辑视频，用户只需进行简单操作并耐心等待，剪映就能智能分析内容并快速生成精美视频，轻松打造出既个性化又专业化的画面效果，让创意变成现实。本节主要介绍AI剪辑的入门功能，帮助用户奠定坚实的剪辑基础。

6.1.1 练习实例：智能裁剪视频比例

扫码看效果

【效果对比】剪映中的"智能裁剪"功能可以转换视频比例，自动裁去多余的画面，轻松实现横竖屏的快速转换。同时，在转换过程中保持人物主体始终处于最佳位置，并具备自动追踪主体功能。原图与效果对比如图6.1所示。

图6.1 效果对比

扫码看教学

下面介绍在剪映手机版中使用"智能裁剪"功能制作视频的操作方法。

步骤 01 打开剪映手机版，进入"剪辑"界面，点击"开始创作"按钮，如图6.2所示。

步骤 02 进入"照片视频"界面，❶ 在"视频"选项卡中选择视频素材；❷ 勾选"高清"复选框；❸ 点击"添加"按钮添加视频素材，如图6.3所示。

步骤 03 ❶ 在编辑界面中选择视频素材；❷ 点击"智能裁剪"按钮，转换视频的比例，如图6.4所示。

步骤 04 弹出相应的面板，❶ 选择9:16选项，把横屏转换为竖屏，❷ 设置镜头位移速度为"更慢"，❸ 点击✔按钮，确认操作，如图6.5所示。返回到一级工具栏。

步骤 05 如需去除画面黑边，可以在一级工具栏中点击"比例"按钮，如图6.6所示。

步骤 06 弹出相应的面板，选择9:16选项，去除画面左右两侧的黑边，如图6.7所示。最后点击"导出"按钮即可导出视频。

图 6.2　点击"开始创作"按钮

图 6.3　添加视频素材

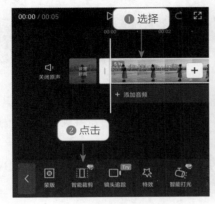

图 6.4　点击"智能裁剪"按钮

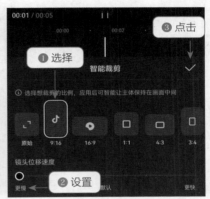

图 6.5　点击相应的按钮

⚑ 温馨提示

在剪映 App 中，"智能裁剪"功能需要开通剪映会员才能使用，其他一些智能功能也需要开通剪映会员才能使用。

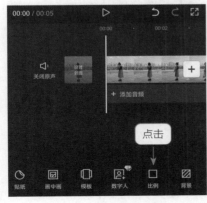

图 6.6　点击"比例"按钮

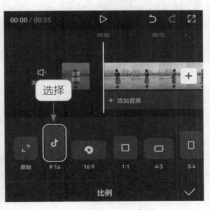

图 6.7　选择 9:16 选项

6.1.2 练习实例：智能识别字幕

扫码看效果

【效果展示】"识别字幕"功能会自动将识别出来的字幕生成在视频画面的下方，但这要求视频中必须带有清晰的人声音频，否则可能无法精准识别。同时，某些方言也可能无法被精准识别。目前，剪映还新增了智能识别"双语字幕"和"智能划重点"等高级功能，但这些功能都需要开通会员才能使用。用户可以根据自身需求进行设置。效果展示如图6.8所示。

图6.8 效果展示

扫码看教学

下面介绍在剪映手机版中使用"识别字幕"功能制作视频的操作方法。

步骤 01 在剪映手机版中导入一段视频素材，在一级工具栏中点击"文本"按钮，如图6.9所示。

步骤 02 在弹出的二级工具栏中点击"识别字幕"按钮，如图6.10所示。

温馨提示

用户可以对AI识别出来的字幕进行编辑和完善，如修改错别字或断句等。

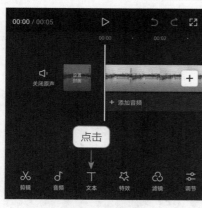

图6.9 点击"文本"按钮

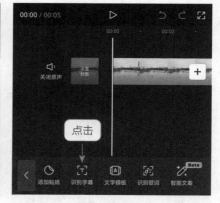

图6.10 点击"识别字幕"按钮

步骤 03 在弹出的"识别字幕"面板中点击"开始识别"按钮，如图6.11所示。

步骤 04 识别出字幕后，点击"编辑字幕"按钮，如图6.12所示。

步骤 05 弹出相应的面板，❶ 选择第1段字幕；❷ 点击Aa按钮，如图6.13所示。

步骤 06 进入相应的界面，❶切换至"文字模板"→"字幕"选项卡；❷选择合适的文字模板，如图 6.14 所示。

步骤 07 同理，为第 2 段、第 3 段的字幕也选择同样的文字模板，点击✔按钮，如图 6.15 所示。

步骤 08 操作完成后，点击"导出"按钮即可导出视频，如图 6.16 所示。

图 6.11 点击"开始识别"按钮

图 6.12 点击"编辑字幕"按钮

图 6.13 点击相应的按钮（1）

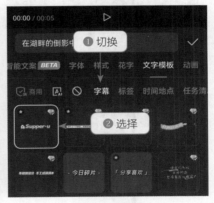

图 6.14 选择合适的文字模板

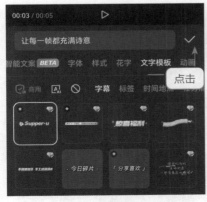

图 6.15 点击相应的按钮（2）

图 6.16 导出视频

【效果展示】通过"智能抠像"功能，可以轻松地将人物从视频中抠取出来，还可以更换视频背景，使人物处于不同的场景中。效果如图6.17所示。

图6.17 效果展示

下面介绍在剪映手机版中使用"智能抠像"功能制作视频的操作方法。

步骤 01 打开剪映手机版，❶ 在"视频"选项卡中依次选择人物视频和背景视频；❷ 勾选"高清"复选框；❸ 点击"添加"按钮添加视频，如图6.18所示。

步骤 02 切换画中画轨道，❶ 选择人物视频；❷ 点击"切画中画"按钮，如图6.19所示。

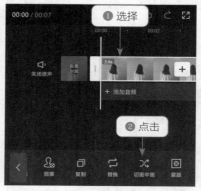

图6.18 添加视频　　　　　　图6.19 点击"切画中画"按钮

步骤 03 将人物视频切换至画中画轨道，点击"抠像"按钮，如图6.20所示。

步骤 04 在弹出的工具栏中点击"智能抠像"按钮，将人物抠取出来并更换背景，如图6.21所示。

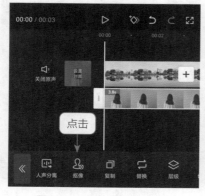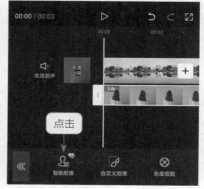

图6.20 点击"抠像"按钮　　　图6.21 点击"智能抠像"按钮

步骤 05 稍等片刻，人物自动抠像成功，点击 ✓ 按钮，如图 6.22 所示。

步骤 06 ❶ 选中人物并移动到画面的右下方，调整人物的位置；❷ 点击"导出"按钮即可导出视频，如图 6.23 所示。

图 6.22 点击相应的按钮　　　　图 6.23 导出视频

6.1.4 练习实例：智能补帧功能

【效果展示】在一些唯美的视频中，常常采用慢速效果来增强美感。而在制作这些慢速效果时，可以利用"智能补帧"功能，它能够有效提升慢速画面的流畅度，使画面更加自然。效果如图 6.24 所示。

扫码看效果

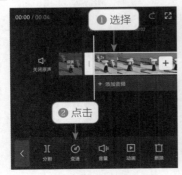

图 6.24 效果展示

下面介绍在剪映手机版中使用"智能补帧"功能制作慢速效果视频的操作方法。

扫码看教学

步骤 01 在剪映手机版中导入一段视频素材，❶ 选择视频素材；❷ 点击"变速"按钮，如图 6.25 所示。

步骤 02 在弹出的工具栏中点击"常规变速"按钮，如图 6.26 所示。

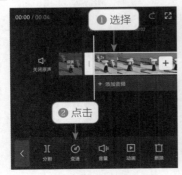 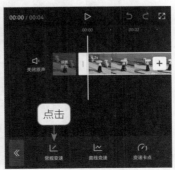

图 6.25 点击"变速"按钮　　　　图 6.26 点击"常规变速"按钮

步骤 03 进入"变速"面板，❶ 设置"变速"参数为 0.7x，减慢视频速度；❷ 勾选"智能补帧"复选框；❸ 点击 ✓ 按钮，确认操作，如图 6.27 所示。

步骤 04 操作完成后，点击"导出"按钮即可导出视频，如图 6.28 所示。

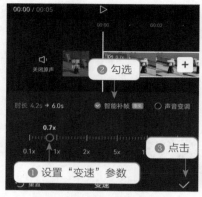

图 6.27　点击相应的按钮

图 6.28　导出视频

6.2　AI 剪辑进阶功能

为了学会更多的 AI 剪辑功能，本节将详细介绍智能美妆、智能识别歌词、智能修复等 AI 剪辑进阶功能的用法。

6.2.1　练习实例：智能美妆功能

扫码看效果

【效果对比】"智能美妆"是一款强大的美颜功能，通过它，用户可以快速为人物添加妆容，美化面部。效果对比如图 6.29 所示。

图 6.29　效果对比

下面介绍在剪映手机版中使用"智能美妆"功能制作视频的操作方法。

步骤 01 在剪映手机版中导入一段视频素材，❶ 选择视频素材；❷ 点击"美颜美体"按钮，如图6.30所示。

步骤 02 在弹出的工具栏中点击"美颜"按钮，如图6.31所示。

扫码看教学

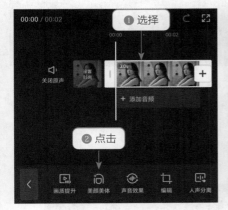 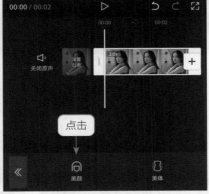

图6.30 点击"美颜美体"按钮　　　图6.31 点击"美颜"按钮

步骤 03 ❶ 切换至"美妆"选项卡；❷ 选择"氧气感"选项，为人物快速化妆，如图6.32所示。

步骤 04 ❶ 切换至"美颜"选项卡；❷ 选择"美白"选项，继续美化面容；❸ 设置"美白"参数为60，让人物皮肤变白一些，如图6.33所示。最后点击"导出"按钮即可导出视频。

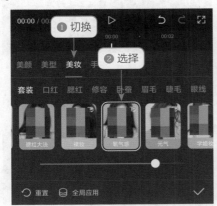 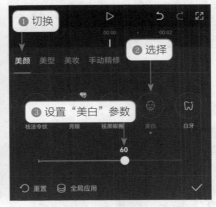

图6.32 为人物快速化妆　　　图6.33 设置"美白"参数

6.2.2　练习实例：智能识别歌词

【效果展示】当视频中包含清晰的中文歌曲时，可以使用"识别歌词"功能，快速生成歌词字幕，从而省去了手动添加歌词字幕的操作。此外，该功能还能添加字幕动画，使视频画面更加生动有趣。效果如图6.34所示。

扫码看效果

图 6.34　效果展示

扫码看教学

下面介绍在剪映手机版中使用"智能识别歌词"功能制作视频的操作方法。

步骤 01　在剪映手机版中导入一段视频素材，要识别出歌词字幕，需要在一级工具栏中点击"文本"按钮，如图 6.35 所示。

步骤 02　在弹出的二级工具栏中点击"识别歌词"按钮，如图 6.36 所示。

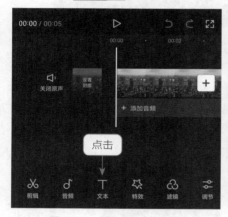

图 6.35　点击"文本"按钮　　　　　图 6.36　点击"识别歌词"按钮

步骤 03　在弹出的"识别歌词"面板中点击"开始匹配"按钮，如图 6.37 所示。

步骤 04　识别出歌词字幕后，点击"批量编辑"按钮，如图 6.38 所示。

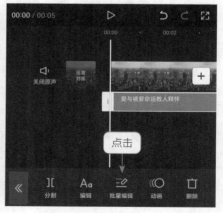

图 6.37　点击"开始匹配"按钮　　　　图 6.38　点击"批量编辑"按钮

步骤 05 弹出相应的面板，点击 Aa 按钮，如图 6.39 所示。

步骤 06 ❶ 切换至"字体"→"热门"选项卡；❷ 选择合适的字体，修改字体，如图 6.40 所示。

图 6.39 点击 Aa 按钮

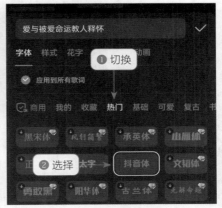

图 6.40 选择合适的字体

步骤 07 制作 KTV 字幕效果，❶ 切换至"动画"选项卡；❷ 选择"卡拉 OK"入场动画；❸ 选择合适的色块，更改文字的颜色，如图 6.41 所示。

步骤 08 操作完成后，点击"导出"按钮即可导出视频，如图 6.42 所示。

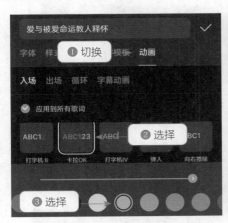

图 6.41 选择合适的色块

图 6.42 导出视频

6.2.3 练习实例：智能修复视频

【效果对比】如果视频画面不够清晰，可以使用剪映中的"超清画质"功能，它能够智能修复视频，提升视频画质，使视频画面变得更加清晰。效果对比如图 6.43 所示。

扫码看效果

图 6.43　效果对比

下面介绍在剪映手机版中使用"超清画质"功能修复视频的操作方法。

扫码看教学

步骤 01 打开剪映手机版，进入"剪辑"界面，点击"展开"按钮，展开功能面板，在面板中点击"超清画质"按钮，如图 6.44 所示。

步骤 02 进入"照片视频"界面，在"视频"选项卡中选择视频素材，如图 6.45 所示。

图 6.44　点击"超清画质"按钮　　　　　　图 6.45　选择视频素材

步骤 03 弹出相应的界面，稍等片刻，即可让视频画面变得更清晰一些，点击✓按钮，如图 6.46 所示。

步骤 04 操作完成后，点击"导出"按钮即可导出视频，如图 6.47 所示。

图 6.46　点击相应的按钮　　　　　　　　图 6.47　导出视频

ⓒ 本章小结

　　本章主要介绍了如何使用剪映手机版中的 AI 功能剪辑视频。首先，介绍了剪映手机版中 AI 剪辑的入门功能，如智能裁剪视频比例、智能识别字幕、智能抠像功能及智能补帧功能等；然后，介绍了剪映手机版中 AI 剪辑的进阶功能，如智能美妆功能、智能识别歌词及智能修复视频等。本章通过对实例的实际操作，带领读者掌握剪映手机版中 AI 剪辑视频的基本功能。

ⓒ 章节练习

　　请使用剪映手机版的"识别歌词"功能制作一段有音乐歌词的视频，效果如图 6.48 所示。

扫码看教学

扫码看效果

图 6.48　效果展示

第7章

AI 绘画——创意视觉的无限可能

剪映更新了"AI作图"的功能,用户只需要输入相应的提示词,系统就会根据描述内容,自动生成4幅图片。有了这个功能,可以省去画图的时间,实现在剪映中一键作图的便捷操作,让人人都能轻松体验成为"绘画师"的乐趣。本章将详细介绍使用"AI作图"功能进行AI绘画的方法。

7.1 使用 AI 作图的提示词

在使用剪映手机版的"AI 作图"功能时，提示词的选择至关重要。本节将详细介绍该功能的使用方法。需要注意的是，即使是相同的提示词，剪映每次生成的图片效果也会有所不同。

7.1.1 练习实例：使用灵感库中的提示词进行绘画

【效果展示】如果新手用户不知道如何输入提示词，可以使用灵感库推荐的模板进行绘画。在灵感库中，系统会推荐大量的模板和图片类型，让用户能够创作出同款图片效果。效果如图 7.1 所示。

扫码看效果

图 7.1 效果展示

下面介绍使用灵感库中的提示词进行绘画的操作方法。

步骤 01 打开剪映手机版，进入"剪辑"界面，在该界面中点击"展开"按钮，如图 7.2 所示。

步骤 02 在展开后的全部功能界面中点击"AI 作图"按钮，如图 7.3 所示。

扫码看教学

步骤 03 进入相应的界面，切换至"灵感"界面，如图 7.4 所示。

步骤 04 在"热门"选项卡中选择喜欢的模板，点击模板下的"做同款"按钮，如图 7.5 所示。

温馨提示

目前，剪映手机版中的"AI 作图"功能属于付费功能，如果用户需要使用该功能，那么每次生成图片需要消耗 5 积分。

图 7.2　点击"展开"按钮

图 7.3　点击"AI 作图"按钮

图 7.4　进入"灵感"界面

图 7.5　点击"做同款"按钮

步骤 05　提示词面板中会自动生成相应的模板提示词，点击下方的"立即生成"按钮，如图 7.6 所示。

步骤 06　稍等片刻，剪映会根据提示词自动生成 4 张机车图片，如图 7.7 所示。

温馨提示

对于 AI 作图，只要提示词描述得足够清楚，生成的图片就会越具象。如果脑海中已经有具体的画面，就需要尽可能地描述完整的提示词。如果用户对初次生成的图片不满意，可以在此基础上选择再次生成。

图 7.6　点击"立即生成"按钮

图 7.7　生成 4 张机车图片

7.1.2　练习实例：使用自定义提示词进行绘画

【效果展示】在输入自定义的提示词时，用户首先需要输入绘画主体，然后再输入该主体的形状、风格和色彩等提示词。效果如图7.8所示。

扫码看效果

图7.8　效果展示

下面介绍使用自定义提示词进行绘画的操作方法。

步骤 01 打开剪映手机版，进入"剪辑"界面，展开全部功能，在其中点击"AI作图"按钮，如图7.9所示。

步骤 02 进入相应的界面，❶点击提示词面板；❷点击⊠按钮，清空提示词面板，如图7.10所示。

扫码看教学

图7.9　点击"AI作图"按钮　　图7.10　清空提示词面板

步骤 03 ❶ 在提示词面板中输入自定义的提示词，即"多肉植物，大型，漂亮，粉色，超细节，8K高清"；❷点击"立即生成"按钮，如图7.11所示。

步骤 04 稍等片刻，剪映会根据提示词自动生成4张多肉植物图片，如图7.12所示。

图7.11　点击"立即生成"按钮　　图7.12　生成4张多肉植物图片

7.2　调整 AI 作图的参数

在使用 AI 作图时，剪映可能不会一次性就生成理想的图片，但用户通过调整 AI 作图的参数，如选择不同的模型或调整图片的比例和精细度，使图片更符合个人需求。本节将详细介绍相应的操作方法。

7.2.1　练习实例：使用通用模型进行绘画

扫码看效果

【效果展示】剪映中的通用模型也被称为默认模型，其没有特定的风格要求，因此生成的图片多为通用场景下的画面。效果如图 7.13 所示。

图 7.13　效果展示

扫码看教学

下面介绍使用通用模型进行绘画的操作方法。

步骤 01 打开剪映手机版，进入"剪辑"界面，展开全部功能，在其中点击"AI 作图"按钮，如图 7.14 所示。

步骤 02 进入相应界面，❶ 在提示词面板中输入自定义提示词，即"静物摄影，瓶子，插花，8K 高清，高像素，高分辨率"；❷ 点击 ☷ 按钮，如图 7.15 所示。

图 7.14　点击"AI 作图"按钮　　　图 7.15　输入自定义提示词

步骤 03 进入"参数调整"面板，❶ 默认选择"通用 1.2"模型和 1:1 比例样式；❷ 点击 ✔ 按钮，如图 7.16 所示。然后点击"立即生成"按钮。

步骤 04 稍等片刻，剪映会根据提示词自动生成 4 张花瓶图片，如图 7.17 所示。

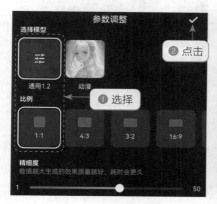

图 7.16 调整参数   图 7.17 生成 4 张花瓶图片

7.2.2 练习实例：使用动漫模型进行绘画

【效果展示】用户在使用剪映中的"AI 作图"功能时，可以在"参数调整"面板中选择动漫模型进行绘画，那么生成的图片都会是漫画风格，使图片更有趣味。同时，还可以自定义一些参数，如动物的品种、发色、行为动作等，可以达到更好的效果。效果如图 7.18 所示。

扫码看效果

图 7.18 效果展示

下面介绍使用动漫模型进行绘画的操作方法。

步骤 01 打开剪映手机版，进入"剪辑"界面，展开全部功能，在其中点击"AI 作图"按钮，如图 7.19 所示。

步骤 02 进入相应的界面，❶ 在提示词面板中输入自定义提示词，即"动物摄影，一只可爱的白色小狗，趴在草地上，高清"；❷ 点击 ▤ 按钮，如图 7.20 所示。

扫码看教学

图 7.19　点击"AI 作图"按钮　　　　图 7.20　输入自定义提示词

步骤 03 进入"参数调整"面板，❶ 选择"动漫"模型；❷ 点击✔按钮，如图 7.21 所示。然后点击"立即生成"按钮。

步骤 04 稍等片刻，剪映会根据提示词自动生成 4 张动漫小狗图片，如图 7.22 所示。

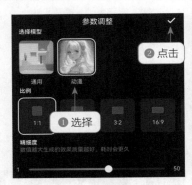

图 7.21　调整参数　　　　　　图 7.22　生成 4 张动漫小狗图片

7.2.3　练习实例：调整 AI 作图的比例和精细度

扫码看效果

【效果展示】在剪映中进行 AI 绘画，默认的图片比例是 1:1，精细度是 30。用户可以根据自己的需求更改 AI 作图的比例和精细度，以提升 AI 作图的效果和质量。效果如图 7.23 所示。

图 7.23　效果展示

下面介绍调整 AI 作图的比例和精细度的操作方法。

步骤 01 打开剪映手机版，进入"剪辑"界面，展开全部功能，在其中点击"AI 作图"按钮，如图 7.24 所示。

步骤 02 进入相应的界面，❶ 在提示词面板中输入自定义提示词，即"一盘精致的寿司，极致细节，8K 画质"；❷ 点击 ▤ 按钮，如图 7.25 所示。

图 7.24 点击"AI 作图"按钮

图 7.25 输入自定义提示词

步骤 03 进入"参数调整"面板，❶ 选择"通用 1.2"模型；❷ 选择 4:3 比例样式；❸ 设置"精细度"参数为 50，提高效果质量；❹ 点击 ✔ 按钮，如图 7.26 所示。然后点击"立即生成"按钮。

步骤 04 稍等片刻，剪映会根据提示词自动生成 4 张寿司图片，如图 7.27 所示。

图 7.26 调整参数

图 7.27 生成 4 张寿司图片

7.3 AI 作图的应用实例

用户在剪映中可以根据自己的需求，使用"AI 作图"功能制作出不同风格的图片，并应用于不同的场景中。本节将详细介绍相应的应用实例。

7.3.1　练习实例：生成动漫插画效果

扫码看效果

【效果展示】插画原指书籍出版物中的插图，在很多漫画书籍中，漫画人物插画是比较常见的，风格偏唯美和清新。效果如图7.28所示。

图7.28　效果展示

扫码看教学

下面介绍生成动漫插画效果的操作方法。

步骤 01 打开剪映手机版，进入"剪辑"界面，展开全部功能，在其中点击"AI作图"按钮，如图7.29所示。

步骤 02 进入相应的界面，❶在提示词面板中输入自定义提示词，即"二次元少女，动漫插画，白色长发，蓝眼睛，冷色背景，超详细，宫崎骏风格，超清"；❷点击 ☰ 按钮，如图7.30所示。

图7.29　点击"AI作图"按钮　　　　图7.30　输入自定义提示词

步骤 03 进入"参数调整"面板，❶选择"通用1.2"模型；❷选择1:1比例样式；❸设置"精细度"参数为30（默认参数）；❹点击 ✓ 按钮，如图7.31所示。然后点击"立即生成"按钮。

步骤 04 稍等片刻，剪映会根据提示词自动生成4张动漫插画图片，如图7.32所示。

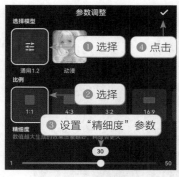

图 7.31　调整参数

图 7.32　生成 4 张动漫插画图片

7.3.2　练习实例：生成产品图片效果

【效果展示】在设计产品海报时，运用剪映中的"AI 作图"功能，可以快速制作出各种风格的产品图片。效果如图 7.33 所示。

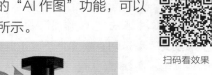

图 7.33　效果展示

扫码看效果

下面介绍生成产品图片效果的操作方法。

步骤 01 打开剪映手机版，进入"剪辑"界面，展开全部功能，在其中点击"AI 作图"按钮。进入相应的界面，❶ 在提示词面板中输入自定义提示词，即"香水广告，商品图，高清，白色背景"；❷ 点击"立即生成"按钮，如图 7.34 所示。

扫码看教学

步骤 02 稍等片刻，剪映会根据提示词自动生成 4 张产品图片，如图 7.35 所示。

图 7.34　输入自定义提示词

图 7.35　生成 4 张产品图片

7.3.3　练习实例：生成风景摄影图片效果

扫码看效果

【效果展示】剪映的"AI作图"功能不仅可以作画，还可以生成摄影图片。效果如图7.36所示。

图7.36　效果展示

下面介绍生成风景摄影图片效果的操作方法。

扫码看教学

步骤 01 打开剪映手机版，进入"剪辑"界面，展开全部功能，在其中点击"AI作图"按钮。进入相应的界面，❶ 在提示词面板中输入自定义提示词，即"背景雪山，樱花树，8K分辨率，高清，摄影，柔光，最佳画质，高细节"；❷ 点击▦按钮，如图7.37所示。

步骤 02 进入"参数调整"面板，❶ 选择"通用1.2"模型；❷ 选择4:3比例样式；❸ 设置"精细度"参数为50，提高效果质量；❹ 点击✓按钮，如图7.38所示。

图7.37　输入自定义提示词　　　　　　图7.38　调整参数

步骤 03 点击"立即生成"按钮，如图7.39所示。

步骤 04 稍等片刻，剪映会根据提示词自动生成4张风景摄影图片，如图7.40所示。

图7.39　点击"立即生成"按钮　　　　图7.40　生成4张风景摄影图片

本章小结

    本章主要介绍了如何使用剪映手机版中的"AI 作图"功能进行 AI 绘画。首先，介绍了在剪映手机版中使用提示词进行 AI 绘画的两种方式，分别是使用灵感库中的提示词和使用自定义提示词；然后，介绍了如何调整 AI 作图的参数，如使用通用模型进行绘画、使用动漫模型进行绘画，以及调整 AI 作图的比例和精细度等；最后，介绍了 3 个 AI 作图的应用实例，如生成动漫插画效果、生成产品图片效果及生成风景摄影图片效果。本章通过对实例的实际操作，带领读者掌握"AI 作图"功能的操作方法。

章节练习

    请使用剪映手机版的"AI 作图"功能生成以下动漫插画效果，如图 7.41 所示。

扫码看教学

扫码看效果

图 7.41　效果展示

第 8 章 |

AI 图片玩法——用图片生成视觉内容

剪映目前更新的"图片玩法"功能，可以实现以图生图、以图生视频，为视频创作提供了更多创意玩法。在制作短视频时，用户可以使用"图片玩法"功能为图片生成静态效果或动态效果，以增加视觉内容的多样性。本章将详细介绍剪映中的"图片玩法"功能及其操作方法。

8.1 使用 AI 制作图片静态效果

在剪映中使用 AI 制作图片静态效果时，首先需要导入素材，然后选择相应的玩法进行操作。本节将详细介绍这些方法。

8.1.1 练习实例：生成 AI 写真照片

【效果对比】"AI 写真"选项卡中提供了哥特风、暗黑风和古风等多种类型的写真照片风格供用户选择，用户可以根据自己的喜好选择相应的风格，并生成相应的照片。效果对比如图 8.1 所示。

扫码看效果

图 8.1 效果对比

下面介绍在剪映手机版中生成 AI 写真照片的操作方法。

步骤 01 在剪映手机版中导入图片素材，在一级工具栏中点击"特效"按钮，如图 8.2 所示。

步骤 02 在弹出的二级工具栏中点击"图片玩法"按钮，如图 8.3 所示。

扫码看教学

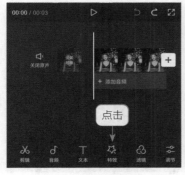 

图 8.2 点击"特效"按钮　　图 8.3 点击"图片玩法"按钮

步骤 03 在弹出的"图片玩法"面板中，❶切换至"AI写真"选项卡；❷选择"哥特少女"选项，如图8.4所示。稍等片刻，即可生成AI写真照片效果。

步骤 04 添加背景音乐，在一级工具栏中点击"音频"按钮，如图8.5所示。

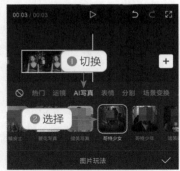

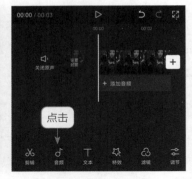

图8.4 选择"哥特少女"选项　　　　图8.5 点击"音频"按钮

步骤 05 在弹出的二级工具栏中点击"提取音乐"按钮，如图8.6所示。

步骤 06 进入"照片视频"界面，❶选择视频素材；❷点击"仅导入视频的声音"按钮即可提取背景音乐，如图8.7所示。

图8.6 点击"提取音乐"按钮　　　　图8.7 提取背景音乐

步骤 07 稍等片刻，即可成功提取背景音乐，如图8.8所示。

步骤 08 点击"导出"按钮即可导出视频，如图8.9所示。

图8.8 成功提取背景音乐　　　　图8.9 导出视频

8.1.2 练习实例：使用 AI 改变人物表情

【效果对比】在剪映中使用"图片玩法"功能可以让面无表情的人物微笑或难过，从而改变人物的表情。效果对比如图 8.10 所示。

扫码看效果

图 8.10 效果对比

下面介绍在剪映手机版中使用 AI 改变人物表情的操作方法。

步骤 01 在剪映手机版中导入图片素材，依次点击"特效"按钮和"图片玩法"按钮，如图 8.11 所示。

步骤 02 在弹出的"图片玩法"面板中，❶ 切换至"表情"选项卡；❷ 选择"微笑"选项，如图 8.12 所示。稍等片刻，即可生成相应的图片效果。

扫码看教学

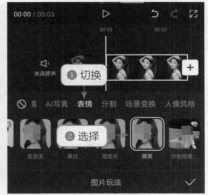

图 8.11 点击"图片玩法"按钮　　　图 8.12 选择"微笑"选项

步骤 03 添加背景音乐，在一级工具栏中点击"音频"按钮，如图 8.13 所示。

步骤 04 在弹出的二级工具栏中点击"提取音乐"按钮，如图 8.14 所示。

步骤 05 进入"照片视频"界面，❶ 选择视频素材；❷ 点击"仅导入视频的声音"按钮即可提取背景音乐，如图 8.15 所示。

步骤 06 点击"导出"按钮即可导出视频，如图 8.16 所示。

图 8.13　点击"音频"按钮　　　　图 8.14　点击"提取音乐"按钮

图 8.15　提取背景音乐　　　　图 8.16　导出视频

8.1.3　练习实例：使用 AI 扩图生成图片

扫码看效果

【效果对比】在剪映中使用"智能扩图"功能，能够智能识别图片内容，放大图片的同时，保持其画质与细节。效果对比如图 8.17 所示。

图 8.17　效果对比

扫码看教学

下面介绍在剪映手机版中使用 AI 扩图生成图片的操作方法。

步骤 01　在剪映手机版中导入图片素材，依次点击"特效"按钮和"图片玩法"按钮，如图 8.18 所示。

步骤 02 在弹出的"图片玩法"面板中，① 切换至"AI 绘画"选项卡；② 选择"智能扩图 I"选项，如图 8.19 所示。稍等片刻，即可生成相应的图片效果。

图 8.18 点击"图片玩法"按钮　　　图 8.19 选择"智能扩图 I"选项

步骤 03 添加背景音乐，在一级工具栏中点击"音频"按钮，如图 8.20 所示。

步骤 04 在弹出的二级工具栏中点击"提取音乐"按钮，如图 8.21 所示。

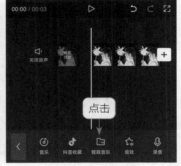

图 8.20 点击"音频"按钮　　　图 8.21 点击"提取音乐"按钮

步骤 05 进入"照片视频"界面，① 选择视频素材；② 点击"仅导入视频的声音"按钮即可提取背景音乐，如图 8.22 所示。

步骤 06 点击"导出"按钮即可导出视频，如图 8.23 所示。

图 8.22 提取背景音乐　　　图 8.23 导出视频

8.2 使用 AI 制作图片动态效果

在剪映中，除了可以使用"图片玩法"功能制作图片的静态效果，还可以制作图片的动态效果，让图片变成会动的视频。本节将详细介绍相应的操作方法。

8.2.1 练习实例：制作摇摆运镜动态效果

扫码看效果

【效果展示】摇摆运镜效果可以让图片中的人物产生晃动效果，这种效果在搞笑视频中颇为常见。效果如图 8.24 所示。

图 8.24　效果展示

扫码看教学

下面介绍在剪映手机版中制作摇摆运镜动态效果的操作方法。

步骤 01 在剪映手机版中导入图片素材，依次点击"特效"按钮和"图片玩法"按钮，如图 8.25 所示。

步骤 02 在弹出的"图片玩法"面板中，❶ 切换至"运镜"选项卡；❷ 选择"摇摆运镜"选项，如图 8.26 所示。稍等片刻，即可生成相应的视频效果。

图 8.25　点击"图片玩法"按钮　　图 8.26　选择"摇摆运镜"选项

步骤 03 添加背景音乐，在一级工具栏中点击"音频"按钮，如图 8.27 所示。

步骤 04 在弹出的二级工具栏中点击"提取音乐"按钮，如图 8.28 所示。

 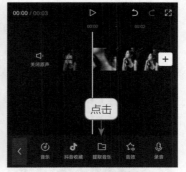

图 8.27　点击"音频"按钮　　　　图 8.28　点击"提取音乐"按钮

步骤 05 进入"照片视频"界面，❶ 选择视频素材；❷ 点击"仅导入视频的声音"按钮即可提取背景音乐，如图 8.29 所示。

步骤 06 点击"导出"按钮即可导出视频，如图 8.30 所示。

图 8.29　提取背景音乐　　　　　图 8.30　导出视频

8.2.2　练习实例：制作 3D 运镜动态效果

【效果展示】3D 运镜效果通过将人物从背景中抠出来进行放大或缩小操作，以实现具有立体感和现场感的视觉效果。效果如图 8.31 所示。

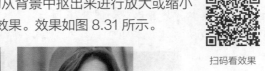

扫码看效果

图 8.31　效果展示

下面介绍在剪映手机版中制作 3D 运镜动态效果的操作方法。

步骤 01　在剪映手机版中导入图片素材，依次点击"特效"按钮和"图片玩法"按钮，如图 8.32 所示。

步骤 02　在弹出的"图片玩法"面板中，❶ 切换至"运镜"选项卡；❷ 选择"3D 运镜"选项，如图 8.33 所示。稍等片刻，即可生成相应的视频效果。

图 8.32　点击"图片玩法"按钮　　　图 8.33　选择"3D 运镜"选项

步骤 03　添加背景音乐，在一级工具栏中点击"音频"按钮，如图 8.34 所示。

步骤 04　在弹出的二级工具栏中点击"提取音乐"按钮，如图 8.35 所示。

图 8.34　点击"音频"按钮　　　图 8.35　点击"提取音乐"按钮

步骤 05　进入"照片视频"界面，❶ 选择视频素材；❷ 点击"仅导入视频的声音"按钮即可提取背景音乐，如图 8.36 所示。

步骤 06　点击"导出"按钮即可导出视频，如图 8.37 所示。

图 8.36　提取背景音乐　　　图 8.37　导出视频

8.2.3 练习实例：制作图片分割动态效果

【效果展示】图片分割效果通过将人物图片划分为多个部分，并逐一进行展示拼接，以达到强调的作用。效果如图 8.38 所示。

扫码看效果

图 8.38 效果展示

下面介绍在剪映手机版中制作图片分割动态效果的操作方法。

步骤 01 在剪映手机版中导入图片素材，依次点击"特效"按钮和"图片玩法"按钮，如图 8.39 所示。

步骤 02 在弹出的"图片玩法"面板中，❶ 切换至"分割"选项卡；❷ 选择"万物分割"选项，如图 8.40 所示。稍等片刻，即可生成相应的视频效果。

扫码看教学

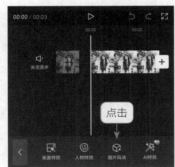 

图 8.39 点击"图片玩法"按钮　　图 8.40 选择"万物分割"选项

步骤 03 添加背景音乐，在一级工具栏中点击"音频"按钮，如图 8.41 所示。

步骤 04 在弹出的二级工具栏中点击"提取音乐"按钮，如图 8.42 所示。

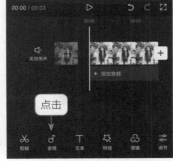 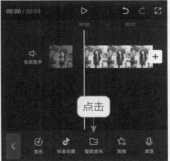

图 8.41 点击"音频"按钮　　图 8.42 点击"提取音乐"按钮

步骤 05 进入"照片视频"界面，❶选择视频素材；❷点击"仅导入视频的声音"按钮即可提取背景音乐，如图 8.43 所示。

步骤 06 点击"导出"按钮即可导出视频如图 8.44 所示。

图 8.43 提取背景音乐　　　　　图 8.44 导出视频

📤 本章小结

　　本章主要介绍了如何使用剪映手机版中的"图片玩法"功能生成视频。首先，介绍了在剪映手机版中使用"图片玩法"功能生成静态效果的三种方式，包括生成 AI 写真照片、使用 AI 改变人物表情及使用 AI 扩图生成图片；然后，介绍了使用"图片玩法"功能生成动态效果的三种方式，包括制作摇摆运镜动态效果、制作 3D 运镜动态效果及制作图片分割动态效果。本章通过对实例的实际操作，带领读者掌握"图片玩法"功能的操作方法。

📤 章节练习

　　请使用剪映手机版的"图片玩法"功能生成 AI 写真照片效果，效果对比如图 8.45 所示。

扫码看教学

扫码看效果

图 8.45 效果对比

第 9 章
一键成片与 AI 特效——视觉效果的智能增强

当用户面对众多素材，不知道剪辑成何种风格的视频时，就可以使用剪映中的"一键成片"功能，快速生成一段视频，让视频剪辑变得更简单。除此之外，剪映目前更新的"AI 特效"功能，不仅能够实现以图生图，还能轻松改变画面效果，为视频创作提供了更多创意玩法。本章将详细介绍"一键成片"和"AI 特效"两大功能的使用方法。

9.1 使用"一键成片"功能生成短视频

剪映中的"一键成片"功能利用 AI 技术，实现了图文和本地素材的自动匹配和智能编辑，极大地简化了视频制作的流程，提高了视频制作的效率。本节将详细介绍使用"一键成片"功能生成视频的具体操作方法。

9.1.1 练习实例：选择模板生成视频

扫码看效果

【效果展示】在使用"一键成片"功能前，用户需要准备好素材，并按照顺序导入剪映中，之后即可选择自己喜欢的模板，一键生成视频。效果如图 9.1 所示。

图 9.1 效果展示

下面介绍在剪映手机版中选择模板生成视频的操作方法。

扫码看教学

步骤 01 打开剪映手机版，进入"剪辑"界面，点击"一键成片"按钮，如图 9.2 所示。

步骤 02 进入"照片视频"界面，❶ 在"照片"选项卡中依次选择 3 张人像照片；❷ 点击"下一步"按钮，如图 9.3 所示。

图 9.2 点击"一键成片"按钮

图 9.3 点击"下一步"按钮

步骤 03 进入相应的界面，❶ 选择喜欢的模板，预览效果；❷ 点击"导出"按钮即可导出视频，如图9.4所示。

步骤 04 在弹出的"导出设置"面板中点击按钮，将视频导出至本地相册中，如图9.5所示。

图9.4　导出视频　　　　　　图9.5　将视频导出至本地相册

9.1.2　练习实例：输入提示词生成视频

【效果展示】在使用"一键成片"功能制作视频时，用户可以输入相应的提示词，以便剪映能精准地提供模板，从而缩小选择范围。效果如图9.6所示。

扫码看效果

图9.6　效果展示

下面介绍在剪映手机版中通过输入提示词生成视频的操作方法。

步骤 01 打开剪映手机版，进入"剪辑"界面，点击"一键成片"按钮，如图9.7所示。

步骤 02 进入"照片视频"界面，❶ 在"视频"选项卡中依次选择3段视频；❷ 点击搜索栏空白处，如图9.8所示。

扫码看教学

图 9.7　点击"一键成片"按钮　　　　图 9.8　点击搜索栏空白处

步骤 03 弹出相应的面板，❶ 在搜索栏中输入提示词，即"剪个城市旅行 vlog"；
❷ 点击☑按钮，如图 9.9 所示。

步骤 04 点击"下一步"按钮，如图 9.10 所示。

图 9.9　点击相应的按钮　　　　图 9.10　点击"下一步"按钮

步骤 05 稍等片刻，即可生成一段视频，❶ 选择喜欢的模板，预览视频效果；
❷ 点击"导出"按钮即可导出视频如图 9.11 所示。

步骤 06 在弹出的"导出设置"面板中点击🖫按钮，将视频导出至本地相册，如
图 9.12 所示。

图 9.11　导出视频　　　　图 9.12　将视频导出至本地相册

114

9.1.3　练习实例：编辑一键成片视频草稿

【效果展示】在使用"一键成片"功能制作视频时，不仅可以混合搭配照片和视频素材，还可以编辑视频草稿进行个性化设置。例如，为素材添加动画，让画面更具动感，从而满足不同的需求。效果如图 9.13 所示。

扫码看效果

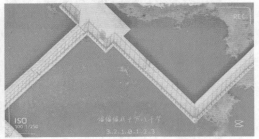

图 9.13　效果展示

下面介绍在剪映手机版中编辑一键成片视频草稿的操作方法。

步骤 01　打开剪映手机版，进入"剪辑"界面，点击"一键成片"按钮，如图 9.14 所示。

步骤 02　进入"照片视频"界面，在"照片"选项卡中选择一张照片素材，如图 9.15 所示。

扫码看教学

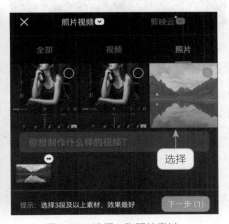

图 9.14　点击"一键成片"按钮　　　　图 9.15　选择一张照片素材

步骤 03　❶ 切换至"视频"选项卡；❷ 依次选择两段视频素材；❸ 点击"下一步"

按钮，添加视频素材，如图9.16所示。

步骤 04 进入相应的界面，❶选择喜欢的模板；❷点击"点击编辑"按钮，如图9.17所示。

图9.16 添加视频素材 　　　　　　图9.17 点击"点击编辑"按钮

步骤 05 进入相应的界面，继续点击"解锁草稿"按钮，如图9.18所示。

步骤 06 进入剪辑界面，❶选择照片素材；❷点击"动画"按钮，如图9.19所示。

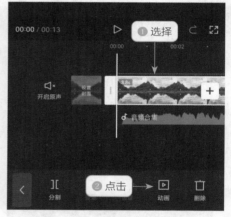

图9.18 点击"解锁草稿"按钮 　　　　　　图9.19 点击"动画"按钮

步骤 07 在弹出的"动画"面板中，❶切换至"组合动画"选项卡；❷选择"缩放"动画，让画面变得更具有动感，如图9.20所示。

步骤 08 点击"导出"按钮即可导出视频，如图9.21所示。

⚡ 温馨提示

　　在使用"一键成片"功能生成视频后，可以根据实际需求对视频进行进一步的调整，如修改字幕、调整音乐及添加动画等，使视频效果更加丰富。

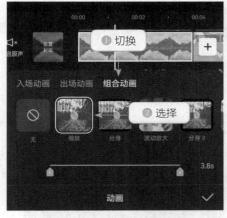

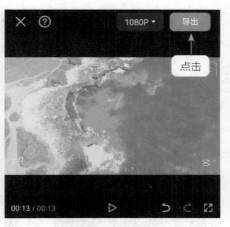

图 9.20 选择"缩放"动画　　　　　　图 9.21 导出视频

9.2 使用 AI 特效的描述词

在剪映中使用"AI 特效"功能进行以图生图时，需要输入描述词，剪映将据此生成符合用户需求的图片。本节将详细介绍相应的使用方法，不过需要注意，即使是相同的描述词，每次生成的图片效果也略有不同。

9.2.1 练习实例：输入随机描述词进行 AI 创作

【效果对比】"AI 特效"功能允许用户输入描述词，并根据这些提示词随机生成图片效果。效果对比如图 9.22 所示。

扫码看效果

图 9.22 效果对比

下面介绍在剪映手机版中输入随机描述词进行 AI 创作的操作方法。

步骤 01 打开剪映手机版，进入"剪辑"界面，点击"展开"按钮，如图 9.23 所示，展开功能面板。

步骤 02 在展开的功能面板中点击"AI 特效"按钮，如图 9.24 所示。

图 9.23 点击"展开"按钮　　　　图 9.24 点击"AI 特效"按钮

步骤 03 进入"最近项目"界面，在其中选择一张图片，如图 9.25 所示。

步骤 04 进入"AI 特效"界面，在"请输入描述词"面板中会显示随机的描述词，❶点击"随机"按钮，可以更换描述词；❷设置"相似度"参数为 100，更接近描述词效果；❸点击"立即生成"按钮即可以图生图，如图 9.26 所示。

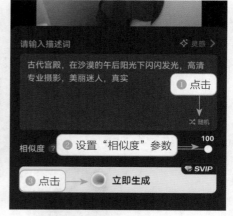

图 9.25 选择一张图片　　　　图 9.26 以图生图

步骤 05 生成图片后，点击 按钮即可查看前后效果对比，如图 9.27 所示。

步骤 06 点击"保存"按钮即可保存图片，如图 9.28 所示。

图 9.27　点击相应的按钮　　　　　　图 9.28　保存图片

9.2.2　练习实例：输入自定义描述词进行 AI 创作

【效果对比】除了使用系统随机生成的描述词进行 AI 创作外，用户还可以输入自定义描述词，以实现更加个性化的图像生成。这种灵活的定制化功能极大地丰富了创作的可能性，确保每一次的 AI 绘图都能最大限度地贴合用户的独特品位与想象。效果对比如图 9.29 所示。

扫码看效果

图 9.29　效果对比

下面介绍在剪映手机版中输入自定义描述词进行 AI 创作的操作方法。

步骤 01　打开剪映手机版，进入"剪辑"界面，点击"展开"按钮，展开功能面板，点击"AI 特效"按钮，如图 9.30 所示。

步骤 02　进入"最近项目"界面，在其中选择一张图片，如图 9.31 所示。

扫码看教学

步骤 03　❶ 在"请输入描述词"面板中点击空白处；❷ 点击 ✕ 按钮，清空面板，如图 9.32 所示。

步骤 04　❶ 输入新的描述词；❷ 点击"完成"按钮，如图 9.33 所示。

步骤 05　❶ 设置"相似度"参数为 100，更接近描述词效果；❷ 点击"立即生成"按钮即可以图生图，如图 9.34 所示。

步骤 06　生成图片之后，点击"保存"按钮即可保存图片，如图 9.35 所示。

图 9.30　点击"AI 特效"按钮

图 9.31　选择一张图片

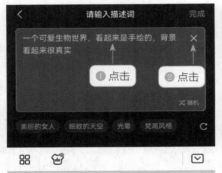

图 9.32　清空面板

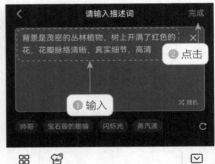

图 9.33　点击相应的按钮

图 9.34　以图生图

图 9.35　保存图片

温馨提示

使用"AI 特效"生成的图片比例一般以原图的比例为依据，是不能改变的。

9.3 切换 AI 特效的模型

"AI 特效"功能包括"灵感"和"自定义"两个模型板块,本节将详细介绍"AI 特效"功能的"灵感"模型板块,帮助读者掌握更多的以图生图玩法。

9.3.1 练习实例:使用写真模型进行 AI 创作

【效果对比】使用写真模型生成的图片多是摄影写实的风格,用户可以轻松实现一键替换人物的服饰与妆造,从而形成一张写真照片。效果对比如图 9.36 所示。

扫码看效果

图 9.36 效果对比

下面介绍在剪映手机版中使用写真模型进行 AI 创作的操作方法。

步骤 01 在剪映手机版中导入图片,在一级工具栏中点击"特效"按钮,如图 9.37 所示。

步骤 02 在弹出的二级工具栏中点击"AI 特效"按钮,如图 9.38 所示。

扫码看教学

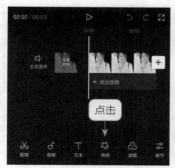

图 9.37 点击"特效"按钮　　图 9.38 点击"AI 特效"按钮

步骤 03 进入"灵感"界面,❶切换至"写真"选项卡;❷选择一个合适的模板;❸点击"生成"按钮,如图 9.39 所示。

步骤 04 在弹出的"效果预览"面板中,❶选择第 2 个选项;❷点击"应用"按钮,

121

生成相应的图像，如图 9.40 所示。

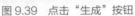

图 9.39　点击"生成"按钮　　　图 9.40　生成相应的图像

步骤 05　添加背景音乐，在一级工具栏中点击"音频"按钮，如图 9.41 所示。

步骤 06　在弹出的二级工具栏中点击"提取音乐"按钮，如图 9.42 所示。

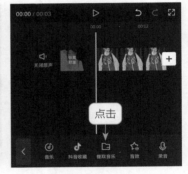

图 9.41　点击"音频"按钮　　　图 9.42　点击"提取音乐"按钮

步骤 07　进入"照片视频"界面，❶ 选择视频素材；❷ 点击"仅导入视频的声音"
按钮即可提取背景音乐，如图 9.43 所示。

步骤 08　点击"导出"按钮即可导出视频，如图 9.44 所示。

图 9.43　提取背景音乐　　　图 9.44　导出视频

9.3.2 练习实例：使用艺术绘画模型进行 AI 创作

【效果对比】一张普通的照片如何变成一幅画？在剪映中使用相应的艺术绘画模型，可以让其变成一幅梦幻的艺术插画。效果对比如图 9.45 所示。

扫码看效果

图 9.45 效果对比

下面介绍在剪映手机版中使用艺术绘画模型进行 AI 创作的操作方法。

步骤 01 在剪映手机版中导入图片，在一级工具栏中点击"特效"按钮，如图 9.46 所示。

步骤 02 在弹出的二级工具栏中点击"AI 特效"按钮，如图 9.47 所示。

扫码看教学

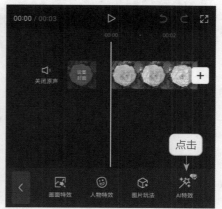

图 9.46 点击"特效"按钮　　　　图 9.47 点击"AI 特效"按钮

步骤 03 进入"灵感"界面，❶ 切换至"艺术绘画"选项卡；❷ 选择一个合适的模板；❸ 点击"生成"按钮，如图 9.48 所示。

步骤 04 在弹出的"效果预览"面板中，❶ 选择第 1 个选项；❷ 点击"应用"按钮，生成相应的图像，如图 9.49 所示。

图 9.48　点击"生成"按钮

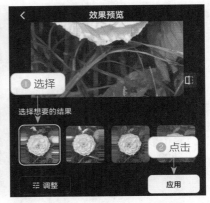
图 9.49　生成相应的图像

步骤 05 添加背景音乐，在一级工具栏中点击"音频"按钮，如图 9.50 所示。

步骤 06 在弹出的二级工具栏中点击"提取音乐"按钮，如图 9.51 所示。

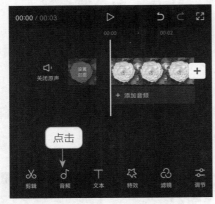
图 9.50　点击"音频"按钮

图 9.51　点击"提取音乐"按钮

步骤 07 进入"照片视频"界面，❶选择视频素材；❷点击"仅导入视频的声音"按钮即可提取背景音乐，如图 9.52 所示。

步骤 08 点击"导出"按钮即可导出视频，如图 9.53 所示。

图 9.52　提取背景音乐

图 9.53　导出视频

9.3.3　练习实例：使用3D模型进行AI创作

【效果对比】3D模型通过对空间中的主体和场景进行构建，为视频增加了立体感和深度感。效果对比如图9.54所示。

扫码看效果

图9.54　效果对比

下面介绍在剪映手机版中使用3D模型进行AI创作的操作方法。

步骤 01 在剪映手机版中导入图片，在一级工具栏中点击"特效"按钮，如图9.55所示。

步骤 02 在弹出的二级工具栏中点击"AI特效"按钮，如图9.56所示。

扫码看教学

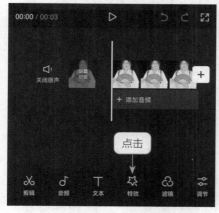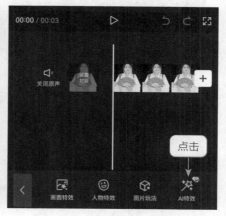

图9.55　点击"特效"按钮　　　　图9.56　点击"AI特效"按钮

步骤 03 进入"灵感"界面，❶切换至3D选项卡；❷选择一个合适的模板；❸点击"生成"按钮，如图9.57所示。

步骤 04 在弹出的"效果预览"面板中，❶选择第1个选项；❷点击"应用"按钮，生成相应的图像，如图9.58所示。

图 9.57　点击"生成"按钮　　　　　图 9.58　生成相应的图像

步骤 05 添加背景音乐，在一级工具栏中点击"音频"按钮，如图 9.59 所示。

步骤 06 在弹出的二级工具栏中点击"提取音乐"按钮，如图 9.60 所示。

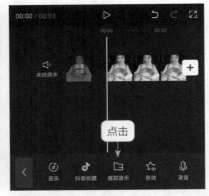

图 9.59　点击"音频"按钮　　　　　图 9.60　点击"提取音乐"按钮

步骤 07 进入"照片视频"界面，❶ 选择视频素材；❷ 点击"仅导入视频的声音"按钮即可提取背景音乐，如图 9.61 所示。

步骤 08 点击"导出"按钮即可导出视频，如图 9.62 所示。

图 9.61　提取背景音乐　　　　　　图 9.62　导出视频

9.4 AI特效的应用实例

在AI特效的"灵感"面板中，有许多的模板可供选择，这些模板不仅可以让图片焕发光彩，且风格百变。本节将详细介绍相应的应用实例，帮助读者掌握高效的图片生成技巧。

9.4.1 练习实例：生成古风人物图像

【效果对比】古风人物以其独特的魅力吸引着人们的目光，无论是身着华美汉服的古风人物，还是融合多元民族元素的民族风古风人物，都能巧妙地散发出迷人的神秘感。效果对比如图9.63所示。

扫码看效果

图9.63 效果对比

下面介绍在剪映手机版中生成古风人物图像的操作方法。

步骤 01 在剪映手机版中导入图片，在一级工具栏中点击"特效"按钮，如图9.64所示。

步骤 02 在弹出的二级工具栏中点击"AI特效"按钮，如图9.65所示。

扫码看教学

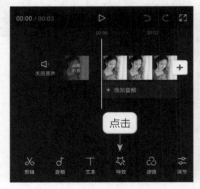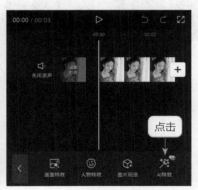

图9.64 点击"特效"按钮　　图9.65 点击"AI特效"按钮

步骤 03 进入"灵感"界面，在"热门"选项卡中，❶选择一个合适的模板；❷点击"生成"按钮，如图 9.66 所示。

步骤 04 在弹出的"效果预览"面板中，❶选择第 3 个选项；❷点击"应用"按钮，生成古风人物图像，如图 9.67 所示。

图 9.66　点击"生成"按钮　　　　　图 9.67　生成古风人物图像

步骤 05 添加背景音乐，在一级工具栏中点击"音频"按钮，如图 9.68 所示。

步骤 06 在弹出的二级工具栏中点击"提取音乐"按钮，如图 9.69 所示。

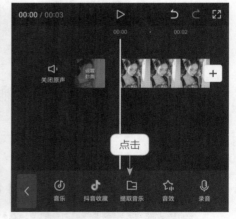

图 9.68　点击"音频"按钮　　　　　图 9.69　点击"提取音乐"按钮

步骤 07 进入"照片视频"界面，❶选择视频素材；❷点击"仅导入视频的声音"按钮即可提取背景音乐，如图 9.70 所示。

步骤 08 点击"导出"按钮即可导出视频，如图 9.71 所示。

图 9.70 提取背景音乐

图 9.71 导出视频

9.4.2 练习实例：生成朋克少女图像

【效果对比】朋克女孩作为非主流的代表，其形象既叛逆又充满自由与开放的气息。在输入描述词时，可以着重从发型和服装上进行描述。效果对比如图 9.72 所示。

扫码看效果

图 9.72 效果对比

下面介绍在剪映手机版中生成朋克少女图像的操作方法。

步骤 01 在剪映手机版中导入图片，在一级工具栏中点击"特效"按钮，如图 9.73 所示。

步骤 02 在弹出的二级工具栏中点击"AI 特效"按钮，如图 9.74 所示。

扫码看教学

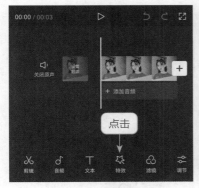

图 9.73 点击"特效"按钮　　　图 9.74 点击"AI 特效"按钮

步骤 03 进入"灵感"界面，❶ 切换至"自定义"选项卡；❷ 选择"轻厚涂"模型；

❸输入描述词，即"朋克少女，蓝色头发，黑色皮衣"；❹点击"生成"按钮，如图9.75所示。

步骤 04 在弹出的"效果预览"面板中，❶选择第3个选项；❷点击"应用"按钮，生成朋克少女图像，如图9.76所示。

图9.75 点击"生成"按钮　　　　图9.76 生成朋克少女图像

步骤 05 添加背景音乐，在一级工具栏中点击"音频"按钮，如图9.77所示。

步骤 06 在弹出的二级工具栏中点击"提取音乐"按钮，如图9.78所示。

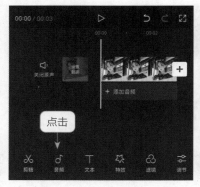

图9.77 点击"音频"按钮　　　　图9.78 点击"提取音乐"按钮

步骤 07 进入"照片视频"界面，❶选择视频素材；❷点击"仅导入视频的声音"按钮即可提取背景音乐，如图9.79所示。

步骤 08 点击"导出"按钮即可导出视频，如图9.80所示。

图9.79 提取背景音乐　　　　图9.80 导出视频

130

9.4.3 练习实例：生成中秋仙女图像

【效果对比】唯美的图片可以生成浪漫的中秋仙女图像，让图像变得更加梦幻。剪映的特效库中包含了多种AI特效模板，用户可以搜索有关"中秋"或"仙女"的模板精准生成需要的特效。效果对比如图9.81所示。

扫码看效果

图9.81 效果对比

下面介绍在剪映手机版中生成中秋仙女图像的操作方法。

步骤 01 在剪映手机版中导入图片，在一级工具栏中点击"特效"按钮，如图9.82所示。

步骤 02 在弹出的二级工具栏中点击"AI特效"按钮，如图9.83所示。

扫码看教学

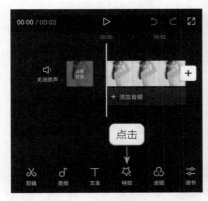

图9.82 点击"特效"按钮　　　　图9.83 点击"AI特效"按钮

步骤 03 进入"灵感"界面，❶切换至3D选项卡；❷选择一个合适的模板；❸点击"生成"按钮，如图9.84所示。

步骤 04 在弹出的"效果预览"面板中，❶选择第1个选项；❷点击"应用"按钮，生成中秋仙女图像，如图9.85所示。

图 9.84　点击"生成"按钮　　　　　图 9.85　生成中秋仙女图像

步骤 05 添加背景音乐，在一级工具栏中点击"音频"按钮，如图 9.86 所示。

步骤 06 在弹出的二级工具栏中点击"提取音乐"按钮，如图 9.87 所示。

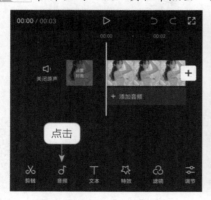
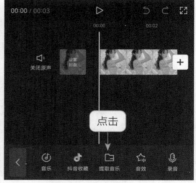

图 9.86　点击"音频"按钮　　　　　图 9.87　点击"提取音乐"按钮

步骤 07 进入"照片视频"界面，❶选择视频素材；❷点击"仅导入视频的声音"按钮即可提取背景音乐，如图 9.88 所示。

步骤 08 点击"导出"按钮即可导出视频，如图 9.89 所示。

图 9.88　提取背景音乐　　　　　图 9.89　导出视频

📖 本章小结

　　本章主要介绍了如何使用剪映手机版中的"一键成片"功能和"AI 特效"功能生成图片或视频。首先，介绍了使用"一键成片"功能生成视频的三种方式，包括选择模板生成视频、输入提示词生成视频及编辑成片视频草稿；其次，介绍了使用"AI 特效"的描述词生成图片的两种方式，包括通过随机描述词和自定义描述词进行 AI 创作；然后，介绍了通过切换 AI 特效的模型进行创作的三种方式，包括写真模型、艺术绘画模型和 3D 模型；最后，介绍了三个 AI 特效的应用实例，包括生成古风人物图像、生成朋克少女图像和生成中秋仙女图像。本章通过对实例的实际操作，带领读者掌握"一键成片"功能和"AI 特效"功能的操作方法。

📖 章节练习

　　请使用剪映手机版的"一键成片"功能制作一个视频，效果如图 9.90 所示。

扫码看教学

扫码看效果

图 9.90　效果展示

133

第 10 章

AI 剪同款与模板——快速复制流行视频风格

在剪映手机版中，用户不仅可以剪辑视频，还可以使用"剪同款"功能和"模板"功能，一键生成爆款视频，对于生成的视频，用户还能编辑草稿，进行再加工，以达到想要的效果。本章将详细介绍"剪同款"功能与"模板"功能的使用方法。

10.1 使用"剪同款"功能生成视频

本节将详细介绍如何使用"剪同款"功能快速生成视频的操作方法，涵盖同款美食视频效果、萌娃相册效果和卡点视频效果，帮助读者快速掌握抖音爆款短视频的同款制作方法。

【效果展示】在剪映手机版中，通过使用"剪同款"功能选择模板，可以轻松地将多张美食照片快速生成美食视频。效果如图 10.1 所示。

扫码看效果

图 10.1 效果展示

下面介绍在剪映手机版中一键生成同款美食视频效果的操作方法。

步骤 01 打开剪映手机版，❶ 点击"剪同款"按钮，进入"剪同款"界面；❷ 点击界面上方的搜索栏，如图 10.2 所示。

步骤 02 ❶ 输入并搜索"日常美食记录"；❷ 在搜索结果中选择一个合适的模板，如图 10.3 所示。

扫码看教学

步骤 03 进入相应的界面，点击右下角的"剪同款"按钮，如图 10.4 所示。

步骤 04 进入"照片视频"界面，❶ 在"照片"选项卡中依次选择 6 张美食照片；❷ 点击"下一步"按钮，如图 10.5 所示。

图 10.2　点击界面上方的搜索栏

图 10.3　选择一个合适的模板

图 10.4　点击"剪同款"按钮

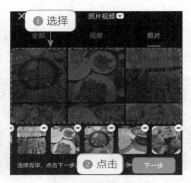

图 10.5　点击"下一步"按钮

步骤 05　稍等片刻，即可生成一段视频。点击"导出"按钮即可导出视频，如图 10.6 所示。

步骤 06　在弹出的"导出设置"面板中点击■按钮，将视频保存至本地相册，如图 10.7 所示。

⬚ 温馨提示

需要注意的是，"剪同款"功能中的视频模板会时常变动，用户可以点击视频模板右侧的爱心，收藏喜欢的模板。

图 10.6　导出视频

图 10.7　将视频保存至本地相册

10.1.2 练习实例：一键生成同款萌娃相册效果

【效果展示】在剪映手机版中，通过使用"剪同款"功能，将多张可爱的萌娃写真照片变成一段动态的电子相册视频，让照片变得生动起来。效果如图10.8所示。

扫码看效果

图10.8 效果展示

下面介绍在剪映手机版中一键生成同款萌娃相册效果的操作方法。

步骤 01 打开剪映手机版，❶点击"剪同款"按钮，进入"剪同款"界面；❷点击界面上方的搜索栏，如图10.9所示。

步骤 02 ❶输入并搜索"萌娃卡点照片"；❷在搜索结果中选择合适 扫码看教学 的模板，如图10.10所示。

图10.9 点击界面上方的搜索栏　　　　图10.10 选择一个合适的模板

步骤 03 进入相应的界面，点击右下角的"剪同款"按钮，如图10.11所示。

步骤 04 进入"照片视频"界面，❶在"照片"选项卡中依次选择5张萌娃照片；❷点击"下一步"按钮，如图10.12所示。

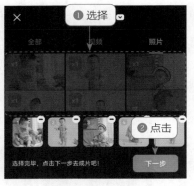

图 10.11　点击"剪同款"按钮　　　图 10.12　点击"下一步"按钮

步骤 05 稍等片刻，即可生成一段视频。点击"导出"按钮即可导出视频，如图 10.13 所示。

步骤 06 在弹出的"导出设置"面板中点击 按钮，将视频保存至本地相册，如图 10.14 所示。

图 10.13　导出视频　　　图 10.14　将视频保存至本地相册

10.1.3　练习实例：一键生成同款卡点视频效果

扫码看效果

【效果展示】对于多段素材，制作卡点视频的步骤比较烦琐，但通过使用"剪同款"功能，只需几秒钟就能快速地制成一个视频，从而大大提升了视频的剪辑效率。效果如图 10.15 所示。

图 10.15　效果展示

138

下面介绍在剪映手机版中一键生成同款卡点视频效果的操作方法。

步骤 01 打开剪映手机版，❶点击"剪同款"按钮，进入"剪同款"界面；❷点击界面上方的搜索栏，如图10.16所示。

步骤 02 ❶输入并搜索"动感节奏卡点"；❷在搜索结果中选择合适的模板，如图10.17所示。

扫码看教学

图10.16 点击界面上方的搜索栏

图10.17 选择一个合适的模板

步骤 03 进入相应的界面，点击右下角的"剪同款"按钮，如图10.18所示。

步骤 04 进入"照片视频"界面，❶在"照片"选项卡中依次选择5张人物照片；❷点击"下一步"按钮，如图10.19所示。

图10.18 点击"剪同款"按钮

图10.19 点击"下一步"按钮

步骤 05 稍等片刻，即可生成一段视频。点击"导出"按钮即可导出视频如图10.20所示。

步骤 06 在弹出的"导出设置"面板中点击▣按钮，将视频保存至本地相册，如图10.21所示。

139

图 10.20　导出视频

图 10.21　将视频保存至本地相册

10.2　使用"模板"功能生成视频

在使用"模板"功能一键生成视频时，需要注意素材的类型是视频还是图片。同时，尽量控制素材的数量与模板设定的数量相吻合，确保视频的流畅度与和谐性，以达到理想的效果。

本节将详细介绍使用"模板"功能一键生成视频的操作方法，不过需要注意的是，"模板"选项卡中的视频模板会经常变动，用户选择自己心仪的模板即可。

10.2.1　练习实例：一键生成风景视频

扫码看效果

【效果展示】在剪映中，用户只需选取多样化的预设模板就可以制作成完整的视频。即使是随手记录的风景片段，在剪映中也可以套用模板，一键生成富有质感的风景视频。效果如图 10.22 所示。

图 10.22　效果展示

扫码看教学

下面介绍在剪映手机版中一键生成风景视频的操作方法。

步骤 01　在剪映手机版中导入一段视频素材，在一级工具栏中点击"模板"按钮，如图 10.23 所示。

步骤 02　弹出相应的面板，在"模板"选项卡中点击搜索栏，如图 10.24 所示。

图 10.23 点击"模板"按钮　　图 10.24 点击搜索栏

步骤 03 弹出相应的界面，❶ 输入并搜索"渐变滤镜"；❷ 在搜索结果中选择一个合适的模板，如图 10.25 所示。

步骤 04 进入相应的界面，❶ 点击"收藏"按钮，收藏模板；❷ 点击"去使用"按钮，如图 10.26 所示。

图 10.25 选择一个合适的模板　　图 10.26 点击相应的按钮

步骤 05 进入"照片视频"界面，❶ 在"视频"选项卡中选择视频素材；❷ 点击"下一步"按钮，如图 10.27 所示。

步骤 06 稍等片刻，视频合成成功，如图 10.28 所示。

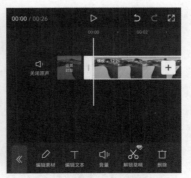

图 10.27 点击"下一步"按钮　　图 10.28 视频合成成功

步骤 07 进一步编辑视频，❶ 选择原始视频；❷ 点击"删除"按钮，删除多余的视频，如图 10.29 所示。

步骤 08 操作完成后，点击"导出"按钮即可导出视频，如图 10.30 所示。

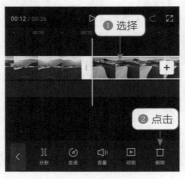 

图 10.29　删除多余的视频　　　　图 10.30　导出视频

10.2.2　练习实例：一键生成风格大片

扫码看效果

【效果展示】对于一些抖音平台上火热的视频模板，剪映中同样收录了海量同款模板，用户仅需进行简单的操作，导入自己精心挑选的视频片段或图片素材，就能一键生成风格大片。效果如图 10.31 所示。

图 10.31　效果展示

下面介绍在剪映手机版中一键生成风格大片的操作方法。

扫码看教学

步骤 01 在剪映手机版中导入一段视频素材，在一级工具栏中点击"模板"按钮，如图 10.32 所示。

步骤 02 在"模板"选项卡中点击搜索栏，❶ 输入并搜索"年少的你啊"；❷ 在搜索结果中选择一个合适的模板，如图 10.33 所示。

图 10.32　点击"模板"按钮　　　　图 10.33　选择一个合适的模板

步骤 03 进入相应的界面，点击"去使用"按钮，如图 10.34 所示。

步骤 04 进入"照片视频"界面，❶ 在"视频"选项卡中选择一段视频素材；❷ 点击"下一步"按钮，如图 10.35 所示。

图 10.34　点击"去使用"按钮　　图 10.35　点击"下一步"按钮

步骤 05 视频合成成功后，❶ 选择原始视频；❷ 点击"删除"按钮，删除多余的视频，如图 10.36 所示。

步骤 06 操作完成后，点击"导出"按钮即可导出视频，如图 10.37 所示。

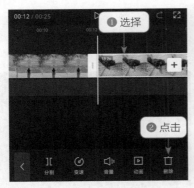 

图 10.36　删除多余的视频　　　图 10.37　导出视频

10.2.3　练习实例：一键生成旅行视频

【效果展示】"旅行"选项卡中有很多模板，用户可以选择自己心仪的模板，一键生成旅行视频。效果如图 10.38 所示。

扫码看效果

图 10.38　效果展示

下面介绍在剪映手机版中一键生成旅行视频的操作方法。

步骤 01 在剪映手机版中导入一段视频素材，在一级工具栏中点击"模板"按钮，如图 10.39 所示。

步骤 02 进入相应的界面，❶ 切换至"旅行"选项卡；❷ 选择一个合适的模板，如图 10.40 所示。

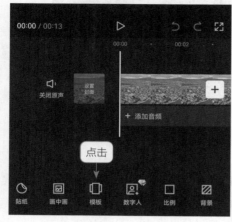

图 10.39　点击"模板"按钮

图 10.40　选择一个合适的模板

步骤 03 进入相应的界面，点击"去使用"按钮，如图 10.41 所示。

步骤 04 进入"照片视频"界面，❶ 在"视频"选项卡中选择视频素材；❷ 点击"下一步"按钮，如图 10.42 所示。

图 10.41　点击"去使用"按钮

图 10.42　点击"下一步"按钮

步骤 05 视频合成成功后，❶ 选择原始视频；❷ 点击"删除"按钮，删除多余的视频，如图 10.43 所示。

步骤 06 操作完成后，点击"导出"按钮即可导出视频，如图 10.44 所示。

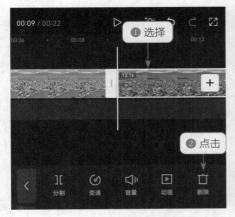

图 10.43　删除多余的视频　　　　　图 10.44　导出视频

⮞ 本章小结

　　本章主要介绍了如何使用剪映手机版中的"剪同款"功能和"模板"功能生成视频。首先，介绍了在剪映手机版中使用"剪同款"功能生成三种不同风格视频的操作方法，包括一键生成同款美食视频效果、一键生成同款萌娃相册效果和一键生成同款卡点视频效果；然后，介绍了使用"模板"功能生成三种不同风格视频的操作方法，包括一键生成风景视频、一键生成风格大片和一键生成旅行视频。本章通过对实例的实际操作，带领读者掌握"剪同款"功能和"模板"功能的使用方法。

⮞ 章节练习

　　请使用剪映手机版的"模板"功能制作一个风格大片，效果如图 10.45 所示。

扫码看教学

图 10.45　效果展示

扫码看效果

第 11 章

AI 数字人——虚拟形象的解说魅力

近年来，短视频行业迎来了爆发式增长，成为人们获取信息的主要途径。如何不用真人出镜就能制作人像短视频呢？剪映的数字人智能技术可以满足这一需求。这些数字人不仅可以变身为视频博主，还能轻松打造出不同风格的虚拟网红形象。本章将介绍使用剪映手机版和电脑版制作数字人视频的技巧。

11.1 使用剪映手机版制作数字人视频

【效果展示】数字人也叫虚拟主播，其优势在于能够取代真人出镜，克服了拍摄过程中可能遭遇的各种难题和限制，使视频内容更富有亲和力和个性化。可以说，AI 数字人技术影响了视频制作，打造了一个全新的视频运营模式。本节将详细介绍使用剪映手机版制作数字人视频的技巧，效果如图 11.1 所示。

扫码看效果

图 11.1　效果展示

11.1.1　练习实例：生成信息文案

在制作数字人之前，需要设置视频背景，并确定视频主题，再根据主题输入提示词生成文案。

下面介绍在剪映手机版中生成信息文案的操作方法。

扫码看教学

步骤 01 打开剪映手机版，进入"剪辑"界面，点击"开始创作"按钮，如图 11.2 所示。

步骤 02 进入相应的界面，❶ 切换至"素材库"选项卡；❷ 点击搜索栏，如图 11.3 所示。

图 11.2　点击"开始创作"按钮　　　　图 11.3　点击搜索栏

步骤 03 ❶ 输入并搜索"新闻背景图"；❷ 在搜索结果中选择素材；❸ 勾选"高清"复选框；❹ 点击"添加"按钮即可添加背景素材，如图 11.4 所示。

步骤 04 生成信息文案，点击"文本"按钮，如图 11.5 所示。

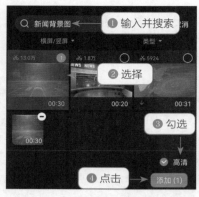 

图 11.4 添加背景素材　　　图 11.5 点击"文本"按钮

步骤 05 在弹出的二级工具栏中点击"智能文案"按钮，如图 11.6 所示。

步骤 06 弹出相应的面板，❶ 切换至"智能文案"选项卡；❷ 输入主题内容为"信息播报，公布国庆节放假时间"，补充要求为"80 字"；❸ 点击"生成旁白"按钮，如图 11.7 所示。

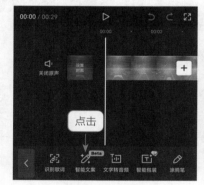 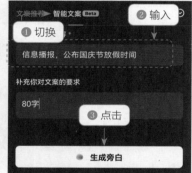

图 11.6 点击"智能文案"按钮　　　图 11.7 点击"生成旁白"按钮

步骤 07 弹出相应的 AI 创作提示，如图 11.8 所示。

步骤 08 稍等片刻，生成文案内容，点击"应用"按钮，如图 11.9 所示。

图 11.8 弹出相应的 AI 创作提示　　　图 11.9 点击"应用"按钮

11.1.2　练习实例：生成女生数字人视频

在剪映手机版中制作数字人的方式非常简单，用户只需要选择合适的数字人形象，就可以生成一段数字人视频。

下面介绍在剪映手机版中生成女生数字人视频的操作方法。

步骤 01 执行 11.1.1 小节的操作后，弹出相应的面板，❶ 选择"添加文本 & 添加数字人"选项；❷ 点击"添加至轨道"按钮，如图 11.10 所示。

步骤 02 在弹出的"添加数字人"面板中，❶ 选择一个女生数字人形象；❷ 选择"新闻女声"音色；❸ 点击 ✓ 按钮，如图 11.11 所示。

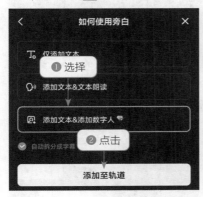

图 11.10　点击"添加至轨道"按钮

图 11.11　点击相应的按钮

步骤 03 在弹出的"积分消耗提醒"对话框中点击"确认使用"按钮，如图 11.12 所示。

步骤 04 稍等片刻，即可成功渲染数字人，如图 11.13 所示。

图 11.12　点击"确认使用"按钮

图 11.13　成功渲染数字人

11.1.3　练习实例：在剪映手机版中编辑数字人视频

在生成数字人视频之后，还需要编辑字幕，设置相应的文字样式，并调整视频的背景，让视频更完整。

下面介绍在剪映手机版中编辑数字人视频的操作方法。

步骤 01 修改文字样式，点击"编辑字幕"按钮，如图 11.14 所示。

步骤 02 ❶ 选择第 1 段文字；❷ 点击 Aa 按钮，如图 11.15 所示。

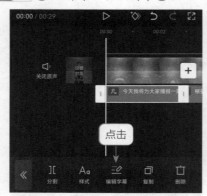

图 11.14 点击"编辑字幕"按钮　　　　图 11.15 点击 Aa 按钮

步骤 03 ❶ 切换至"字体"→"热门"选项卡；❷ 选择合适的字体，如图 11.16 所示。

步骤 04 ❶ 切换至"样式"选项卡；❷ 选择合适的样式；❸ 设置"字号"参数为 6，微微放大文字；❹ 点击✓按钮，如图 11.17 所示。

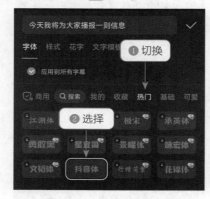

图 11.16 选择合适的字体　　　　图 11.17 点击相应的按钮

步骤 05 拖曳时间轴至数字人视频的末尾位置，❶ 选择背景素材；❷ 点击"分割"按钮，分割视频；❸ 点击"删除"按钮，删除多余的视频，如图 11.18 所示。

步骤 06 操作完成后，点击"导出"按钮即可导出视频，如图 11.19 所示。

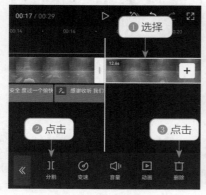

图 11.18 删除多余的视频　　　　图 11.19 导出视频

11.2　使用剪映电脑版制作数字人视频

【效果展示】数字人视频除了可以在剪映手机版中制作之外，还可以在剪映电脑版中制作。本节将详细介绍如何使用剪映电脑版来制作 AI 数字人视频。效果如图 11.20 所示。

扫码看效果

图 11.20　效果展示

11.2.1　练习实例：添加新闻背景素材

在剪映电脑版中，用户可以在素材库中通过输入关键词搜索想要的视频背景。如果选中的视频背景中含有音乐，还需要将其设置为静音状态。下面介绍在剪映电脑版中添加新闻背景素材的操作方法。

扫码看教学

步骤 01 进入剪映电脑版的"媒体"功能区，添加背景素材，❶ 切换至"素材库"选项卡；❷ 在搜索栏中输入并搜索"新闻背景"；❸ 在搜索结果中单击所选素材右下角的"添加到轨道"按钮，添加新闻背景素材，如图 11.21 所示。

步骤 02 单击"关闭原声"按钮，设置背景视频为静音状态，如图 11.22 所示。

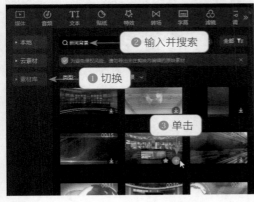
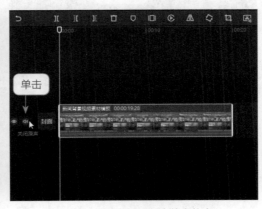

图 11.21　添加新闻背景素材　　　　　图 11.22　设置背景视频为静音状态

151

11.2.2 练习实例：生成男生数字人视频

在剪映电脑版中，用户可以通过更改文案内容的方式生成与文案相适配的数字人视频，也可以手动添加合适的数字人形象。

下面介绍在剪映电脑版中生成男生数字人视频的操作方法。

步骤 01 在11.2.1小节的基础上添加数字人，❶单击"文本"按钮，进入"文本"功能区；❷单击"默认文本"右下角的"添加到轨道"按钮➕，添加文本，如图11.23所示。

步骤 02 在右上角的操作区中，❶单击"数字人"按钮，进入"数字人"操作区；❷选择"小铭－专业"选项；❸单击"添加数字人"按钮，生成数字人视频，如图11.24所示。

图 11.23　添加文本

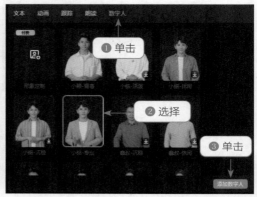

图 11.24　生成数字人视频

步骤 03 执行上述操作后，需要将多余的文本删除，❶选择"默认文本"；❷单击"删除"按钮🗑，删除多余的文本，如图11.25所示。

步骤 04 添加文案，选择数字人视频，如图11.26所示。

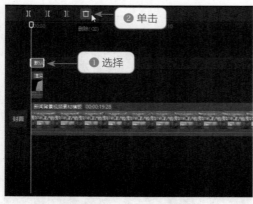

图 11.25　删除多余的文本

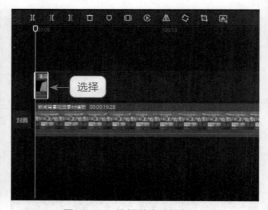

图 11.26　选择数字人视频

步骤 05 在右上角的操作区中，❶单击"文案"按钮，进入"文案"操作区；

② 输入新闻文案；③ 单击"确认"按钮，如图 11.27 所示。

步骤 06 稍等片刻，即可渲染一段新的数字人视频，其中含有动态的数字人形象和文案解说音频，如图 11.28 所示。

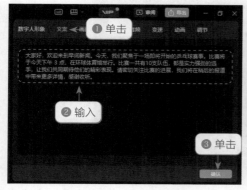

图 11.27　单击相应的按钮

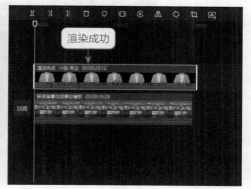

图 11.28　渲染一段新的数字人视频

11.2.3　练习实例：在剪映电脑版中编辑数字人视频

为了让数字人形象与背景样式相匹配，用户可以调整数字人的画面大小和位置，并添加蒙版来使画面更和谐，还可以为字幕设置合适的样式。

扫码看教学

下面介绍在剪映电脑版中编辑数字人视频的操作方法。

步骤 01 在 11.2.2 小节的基础上让数字人更适配背景，调整数字人视频的画面大小和位置，如图 11.29 所示。

步骤 02 遮挡数字人的下半身，选择背景素材，按 Ctrl + C 组合键复制背景素材，按 Ctrl + V 组合键粘贴背景素材。① 调整其轨道位置，使其处于第 2 条画中画轨道；② 单击"关闭原声"按钮 ，如图 11.30 所示，设置背景视频为静音状态。

图 11.29　调整数字人视频的画面大小和位置

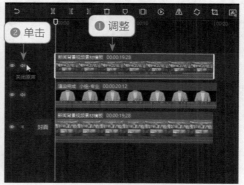

图 11.30　单击"关闭原声"按钮

步骤 03 ① 切换至"蒙版"选项卡；② 选择"线性"蒙版；③ 调整蒙版线的位置；④ 单击"反转"按钮 ，遮挡住数字人的下半身，如图 11.31 所示。

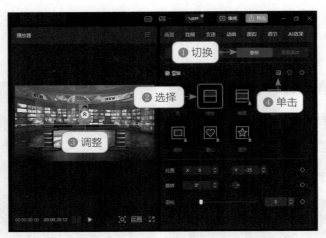

图 11.31　遮挡住数字人的下半身

步骤 04 执行操作后，需要为剩下的数字人添加背景素材，① 选择第 2 条画中画轨道中的背景素材，按 Ctrl + C 组合键复制背景素材；② 在背景素材的后面按 Ctrl + V 组合键粘贴背景素材；③ 在数字人素材的后面单击"向右裁剪"按钮，分割并删除多余的背景素材，如图 11.32 所示。

步骤 05 继续添加背景素材，① 选择视频轨道中的背景素材，按 Ctrl + C 组合键复制背景素材；② 在背景素材的后面按 Ctrl + V 组合键粘贴背景素材；③ 在数字人素材的后面单击"向右裁剪"按钮，继续分割并删除多余的背景素材，如图 11.33 所示。

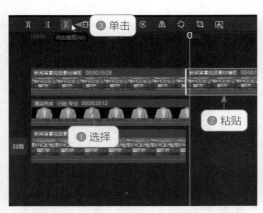

图 11.32　添加并删除多余的背景素材（1）

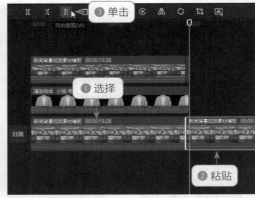

图 11.33　添加并删除多余的背景素材（2）

步骤 06 执行操作后，即可开始添加字幕背景，① 单击"贴纸"按钮，进入"贴纸"功能区；② 在搜索栏中输入并搜索"新闻"；③ 在搜索结果中单击所选贴纸右下角的"添加到轨道"按钮，如图 11.34 所示。

步骤 07 添加成功后，调整贴纸的时长，使其对齐视频的时长，如图 11.35 所示。

图 11.34 单击"添加到轨道"按钮

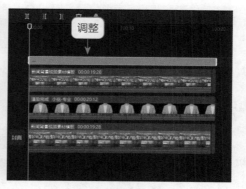

图 11.35 调整贴纸的时长

步骤 08 ❶ 单击"文本"按钮,进入"文本"功能区;❷ 切换至"智能字幕"选项卡;❸ 在"识别字幕"选项区中单击"开始识别"按钮,添加字幕,如图 11.36 所示。

步骤 09 字幕添加成功后,在右上角的"文本"操作区中选择合适的字体,如图 11.37 所示。

图 11.36 单击相应的按钮

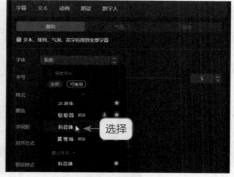

图 11.37 选择合适的字体

步骤 10 执行操作后,在"播放器"面板中调整文字和贴纸的大小和位置,如图 11.38 所示。

步骤 11 操作完成后,单击"导出"按钮即可导出视频,如图 11.39 所示。

图 11.38 调整文字和贴纸的大小和位置

图 11.39 导出视频

温馨提示

无论是使用剪映手机版还是电脑版中的"数字人"功能，每次生成数字人都需要消耗一定的积分。例如，1s的视频需要消耗8积分。

本章小结

本章主要介绍了使用剪映手机版和电脑版制作数字人视频的技巧。首先，介绍了使用剪映手机版制作数字人视频的操作方法：先生成信息文案，再生成女生数字人视频，最后对视频进行编辑；然后，介绍了使用剪映电脑版制作数字人视频的操作方法：先添加新闻背景素材，再生成男生数字人视频，最后对视频进行编辑。本章通过制作两个数字人视频的实例，带领读者掌握制作AI数字人视频的方法。

章节练习

请使用剪映电脑版制作一个AI数字人视频，效果如图11.40所示。

扫码看教学

扫码看效果

图11.40 效果展示

第 12 章

剪映电脑版剪辑全流程实战：城市记忆

　　剪映电脑版以其直观易用的界面设计和丰富的剪辑功能为特色，为电脑端用户提供了更舒适的创作和剪辑条件。它配备了丰富的视频剪辑工具，如剪切、添加转场、添加文字和动画等。此外，剪映还提供了海量的素材库和音乐库，方便用户快速找到合适的素材。本章主要介绍在剪映电脑版中制作综合案例"城市记忆"的具体操作方法。

12.1 "城市记忆"案例效果展示

【效果展示】本案例主要展示一天中城市风貌的变化。视频中的内容从早到晚不断地变化，搭配节奏舒缓的背景音乐，非常适合用作日常记录类短视频。效果如图 12.1 所示。

图 12.1 "城市记忆"案例效果展示

12.2 剪辑素材并添加转场、文字和动画

本节主要介绍在剪映电脑版中导入和剪辑素材，并添加转场、文字和动画的操作方法。在制作视频之前，需要先准备好与主题和风格一致的视频素材。

12.2.1　练习实例：导入和剪辑素材

　　制作视频的第1步就是导入素材，用户在剪映中导入相应的素材后，就可以对素材进行剪辑，选取需要的片段。

　　下面介绍在剪映电脑版中导入和剪辑素材的操作方法。

扫码看教学

步骤 01 打开剪映电脑版，进入"媒体"功能区，单击"本地"选项卡中的"导入"按钮，如图 12.2 所示。

步骤 02 在弹出的"请选择媒体资源"对话框中，❶ 全选文件夹中的视频素材；❷ 单击"打开"按钮，如图 12.3 所示。

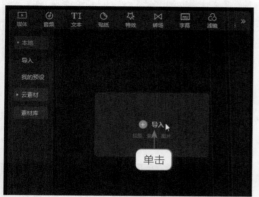

图 12.2　单击"导入"按钮

图 12.3　单击"打开"按钮

步骤 03 执行操作后，即可将相应的视频素材导入到"本地"选项卡中，如图 12.4 所示。

步骤 04 ❶ 全选"本地"选项卡中的视频素材；❷ 单击第 1 个视频素材右下角的"添加到轨道"按钮 ➕，将视频素材导入视频轨道中，如图 12.5 所示。

图 12.4　导入视频素材

图 12.5　单击"添加到轨道"按钮

步骤 05 ❶ 拖曳时间轴至 00:00:05:00 的位置；❷ 单击"分割"按钮 ▐◀▶▌，分割视频素材，如图 12.6 所示。

步骤 06 ❶ 选择分割出的后半段视频素材；❷ 单击"删除"按钮 🗑，删除多余的视频片段，如图 12.7 所示。

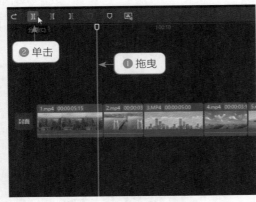

图 12.6　分割视频素材

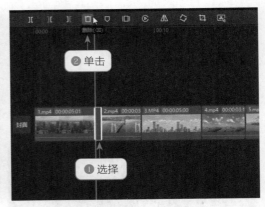

图 12.7　删除多余的视频片段

步骤 07 ❶ 选择第 2 段视频素材；❷ 向左拖曳视频素材右侧的白框，调整视频素材的时长，如图 12.8 所示。

步骤 08 使用与上面同样的方法，调整其他视频素材的时长，如图 12.9 所示。

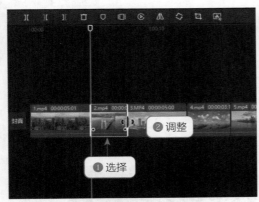

图 12.8　调整视频素材的时长

图 12.9　调整其他视频素材的时长

12.2.2　练习实例：添加转场

扫码看教学

为多段视频素材添加合适的转场，可以使视频的切换更流畅，也可以为视频增加趣味性。在使用转场效果时，要注意保持前后画面的连续性。

下面介绍在剪映电脑版中添加转场的操作方法。

步骤 01 在 12.2.1 小节的基础上，拖曳时间轴至第 1 段视频素材的结束位置，如图 12.10 所示。

步骤 02 添加转场效果，❶ 单击"转场"按钮，进入"转场"功能区；❷ 切换至"叠化"选项卡,如图 12.11 所示。

步骤 03 单击"水墨"转场右下角的"添加到轨道"按钮➕,如图 12.12 所示,在第 1 段视频素材和第 2 段视频素材之间添加"水墨"转场。

图 12.10 拖曳时间轴至相应的位置

图 12.11 切换至"叠化"选项卡

步骤 04 使用与上面同样的方法,为其他的视频素材添加相应的转场,如图 12.13 所示。

图 12.12 单击"添加到轨道"按钮

图 12.13 添加相应的转场

12.2.3 练习实例:添加文字和动画

想让观众了解视频的主题,最简单的方法就是为视频添加合适的文字。为文字添加动画可以让文字的入场和出场更自然,也可以增加视频的看点。

下面介绍在剪映电脑版中添加文字和动画的操作方法。

步骤 01 在 12.2.2 小节的基础上,拖曳时间轴至视频的起始位置,如图 12.14 所示。

扫码看教学

步骤 02 ❶ 单击"文本"按钮,进入"文本"功能区;❷ 单击"默认文本"选项右下角的"添加到轨道"按钮➕,如图 12.15 所示。

步骤 03 ❶ 在"文本"操作区中修改文本内容;❷ 选择合适的字体;❸ 设置"字号"

参数为 28，放大文字，如图 12.16 所示。

图 12.14 拖曳时间轴至相应的位置（1）

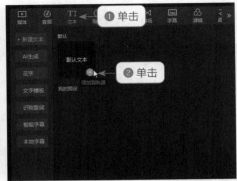
图 12.15 单击"添加到轨道"按钮（1）

步骤 04 ❶ 勾选"描边"复选框；❷ 选择合适的颜色，❸ 设置"粗细"参数为 20，调整文字描边的粗细度，如图 12.17 所示。

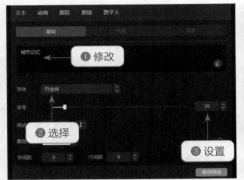
图 12.16 设置"字号"参数

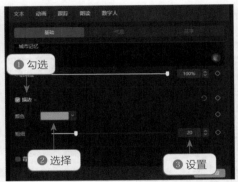
图 12.17 设置"粗细"参数

步骤 05 ❶ 单击"动画"按钮；❷ 选择"入场"选项卡中的"开幕"动画；❸ 设置"动画时长"为 1.5s，调整文字动画的时长，如图 12.18 所示。

步骤 06 ❶ 切换至"出场"选项卡；❷ 选择"溶解"动画，如图 12.19 所示。

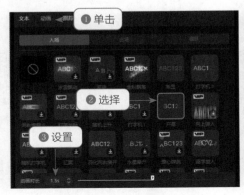
图 12.18 设置"动画时长"（1）

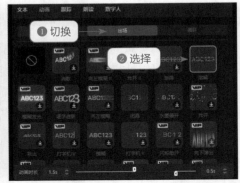
图 12.19 选择"溶解"动画

步骤 07 拖曳时间轴至 00:00:03:18 的位置，如图 12.20 所示。

步骤 08 单击"默认文本"右下角的"添加到轨道"按钮🟢，如图 12.21 所示。

📢 **温馨提示**

在剪映电脑版中，用户可以根据需要调整动画时长的参数，确保动画效果自然流畅。同时，注意动画效果与视频画面的配合，避免产生突兀感。

图 12.20 拖曳时间轴至相应的位置（2）

图 12.21 单击"添加到轨道"按钮（2）

步骤 09 在"文本"操作区中，❶ 修改文本；❷ 选择一款字体，如图 12.22 所示。

步骤 10 ❶ 选择合适的字体颜色；❷ 选择相应的文字样式，如图 12.23 所示。

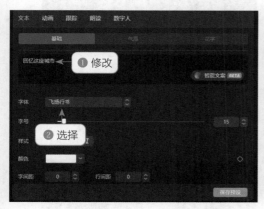

图 12.22 修改文本

图 12.23 设置字体颜色和文字样式

步骤 11 ❶ 单击"动画"按钮；❷ 选择"入场"选项卡中的"溶解"动画；❸ 设置"动画时长"为 1.5s，调整文字动画的时长，如图 12.24 所示。

步骤 12 ❶ 切换至"出场"选项卡；❷ 选择"闭幕"动画，如图 12.25 所示。

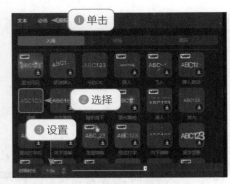

图 12.24　设置"动画时长"（2）

图 12.25　选择"闭幕"动画

步骤 13 在"播放器"面板中调整文字的大小和位置，如图 12.26 所示。

步骤 14 继续添加文字和动画，❶ 拖曳时间轴至 00:00:07:00 的位置；❷ 选择第 2 段文本并右击；❸ 在弹出的快捷菜单中选择"复制"选项，如图 12.27 所示。

图 12.26　调整文字的大小和位置

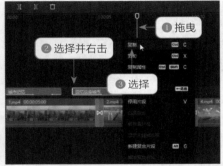

图 12.27　选择"复制"选项

步骤 15 在时间轴的右侧空白位置处右击，在弹出的快捷菜单中选择"粘贴"选项，如图 12.28 所示。

步骤 16 在右上角的"文本"操作区中修改文本内容，如图 12.29 所示。

步骤 17 使用与上面同样的方法，在视频的合适位置再添加两段文本，并修改文本内容，如图 12.30 所示。

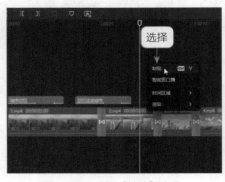

图 12.28　选择"粘贴"选项

图 12.29　修改文本内容

图 12.30 添加其他文本

12.3 添加特效、贴纸、滤镜和背景音乐并导出视频

在编辑视频的过程中，用户可以为视频添加合适的特效和贴纸，让视频内容更加生动有趣；添加合适的滤镜，可以增强视觉效果；再配上动听的音乐，为视频增添情感色彩。本节将详细介绍在剪映电脑版中添加特效、贴纸、滤镜和背景音乐及导出视频的操作方法。

12.3.1 练习实例：添加特效和贴纸

为视频添加特效可以制作出独特的视频效果。例如，为视频添加"开幕"和"闭幕"特效，就可以轻松制作出片头和片尾。此外，为视频添加贴纸可以添加更多视频内容；运用"关键帧"功能，还可以灵活调整贴纸的位置和大小。

扫码看教学

下面介绍在剪映电脑版中添加特效和贴纸的操作方法。

步骤 01 拖曳时间轴至视频的起始位置，如图 12.31 所示。

步骤 02 ❶ 单击"特效"按钮；❷ 切换至"基础"选项卡；❸ 单击"开幕"特效右下角的"添加到轨道"按钮，如图 12.32 所示。

图 12.31 拖曳时间轴至相应的位置（1）

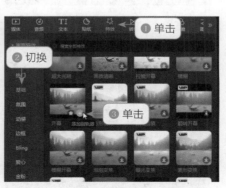

图 12.32 单击"添加到轨道"按钮（1）

165

步骤 03 向左拖曳"开幕"特效右侧的白框，调整"开幕"特效的时长，如图 12.33 所示。

步骤 04 拖曳时间轴至第 2 段文本的起始位置，如图 12.34 所示。

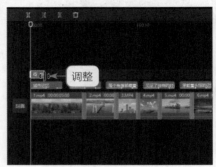

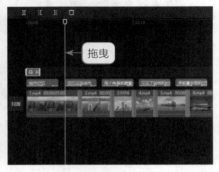

图 12.33 调整特效的时长（1）　　　　图 12.34 拖曳时间轴至相应的位置（2）

步骤 05 ❶ 切换至 Bling 选项卡；❷ 单击"细闪Ⅱ"特效右下角的"添加到轨道"按钮➕，如图 12.35 所示。

步骤 06 使用与上面同样的方法，拖曳时间轴至第 3 段文本的起始位置，单击"星夜"特效右下角的"添加到轨道"按钮➕，如图 12.36 所示。

步骤 07 执行操作后，即可成功添加特效，效果如图 12.37 所示。

步骤 08 拖曳时间轴至 00:00:16:20 的位置处，❶ 切换至"基础"选项卡；❷ 单击"闭幕"特效右下角的"添加到轨道"按钮➕，如图 12.38 所示。

图 12.35 单击"添加到轨道"按钮（2）　　　图 12.36 单击"添加到轨道"按钮（3）

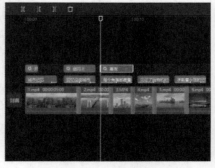

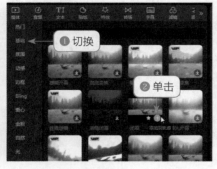

图 12.37 成功添加特效　　　　　图 12.38 单击"添加到轨道"按钮（4）

步骤 09 调整"闭幕"特效的时长，使其对齐视频的结束位置，如图 12.39 所示。

步骤 10 拖曳时间轴至 00:00:12:07 的位置，① 单击"贴纸"按钮，进入"贴纸"功能区；② 在搜索栏中输入并搜索"云朵"；③ 在搜索结果中单击所选贴纸右下角的"添加到轨道"按钮，添加贴纸素材，如图 12.40 所示。

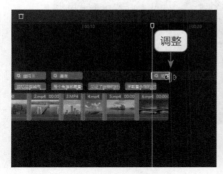

图 12.39 调整特效的时长（2）

图 12.40 单击"添加到轨道"按钮（5）

步骤 11 调整轨道中贴纸的持续时长，如图 12.41 所示。

步骤 12 ① 调整贴纸的大小和位置；② 单击"位置大小"右侧的"添加关键帧"按钮，如图 12.42 所示，为贴纸添加第 1 个关键帧。

温馨提示

在制作视频的过程中，需要注意贴纸在视频中的位置和大小，避免遮挡重要内容或影响整体美观。用户可以在预览窗口中实时调整贴纸的位置和大小。

图 12.41 调整贴纸的持续时长

图 12.42 单击"添加关键帧"按钮

步骤 13 拖曳时间轴至贴纸的结束位置，❶ 再次调整贴纸的大小和位置；❷ "缩放"和 "位置" 参数会自动添加关键帧，如图 12.43 所示。此时，即可制作出贴纸一边缩小一边向右上角移动的关键帧动画效果。

图 12.43　自动添加关键帧

12.3.2　练习实例：添加滤镜

扫码看教学

由于视频是由多个素材构成的，为视频添加合适的滤镜可以使视频画面更加精美，也可以使视频画面的色调更统一。

下面介绍在剪映电脑版中添加滤镜的操作方法。

步骤 01 在 12.3.1 小节的基础上，拖曳时间轴至视频的起始位置，❶ 单击 "滤镜" 按钮；❷ 切换至 "复古胶片" 选项卡；❸ 单击 KV5D 滤镜右下角的 "添加到轨道" 按钮➕，如图 12.44 所示。

步骤 02 向右拖曳滤镜右侧的白框，调整滤镜的时长，使其对齐视频的结束位置，如图 12.45 所示。

图 12.44　单击 "添加到轨道" 按钮（1）

图 12.45　调整滤镜的时长（1）

步骤 03 拖曳时间轴至 00:00:10:07 的位置，❶ 切换至 "风景" 选项卡；❷ 单击 "漫夏" 滤镜右下角的 "添加到轨道" 按钮➕，如图 12.46 所示。

步骤 04 向右拖曳 "漫夏" 滤镜右侧的白框，调整滤镜的时长，使其对齐视频的结束位置，如图 12.47 所示。

图 12.46　单击"添加到轨道"按钮（2）

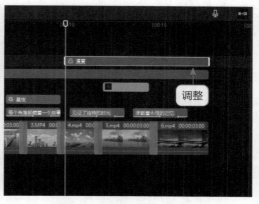

图 12.47　调整滤镜的时长（2）

12.3.3　练习实例：添加背景音乐

贴合视频的音乐能为视频增加记忆点和亮点。下面介绍在剪映电脑版中添加背景音乐的操作方法。

步骤 01 在 12.3.2 小节的基础上，拖曳时间轴至视频的起始位置，❶ 单击"音频"按钮；❷ 切换至"音频提取"选项卡；❸ 单击"导入"按钮，如图 12.48 所示。

扫码看教学

步骤 02 在弹出的"请选择媒体资源"对话框中，❶ 选择相应的视频；❷ 单击"打开"按钮，如图 12.49 所示。

图 12.48　单击"导入"按钮

图 12.49　单击"打开"按钮

步骤 03 执行操作后，即可提取相应视频的音频。单击音频右下角的"添加到轨道"按钮，如图 12.50 所示，将音频添加到轨道中。

步骤 04 调整音频的时长，使其对齐视频的结束位置，如图 12.51 所示。

图 12.50 单击"添加到轨道"按钮

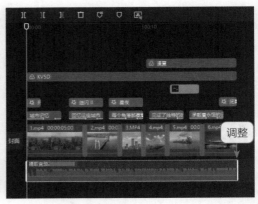

图 12.51 调整音频的时长

12.3.4 练习实例：导出视频

视频制作完成后，就可以导出视频。在导出视频时可以对视频的名称、保存位置等参数进行设置。

下面介绍在剪映电脑版中导出视频的操作方法。

扫码看教学

步骤 01 在 12.3.3 小节的基础上，单击界面右上角的"导出"按钮，如图 12.52 所示。

步骤 02 在弹出的"导出"对话框中，❶ 修改作品的名称；❷ 单击"导出至"右侧的 📁 按钮，如图 12.53 所示。

图 12.52 单击"导出"按钮（1）

图 12.53 单击相应的按钮

步骤 03 在弹出的"请选择导出路径"对话框中，❶ 选择相应的保存路径；❷ 单击"选择文件夹"按钮，如图 12.54 所示。

步骤 04 返回到"导出"对话框，单击"导出"按钮即可导出制作好的视频，如图 12.55 所示。

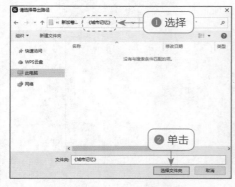

图 12.54 单击"选择文件夹"按钮　　　　图 12.55 单击"导出"按钮（2）

本章小结

　　本章主要介绍了在剪映电脑版中制作综合案例"城市记忆"的操作方法。首先，介绍了在剪映电脑版中导入和剪辑素材，并为其添加转场、文字和动画的操作方法；然后，介绍了在剪映电脑版中为视频添加特效、贴纸、滤镜和背景音乐，以及导出视频的操作流程。本章通过对一个综合案例的实际操作，带领读者一步步地掌握在剪映电脑版中制作视频的操作方法。

章节练习

　　请使用剪映电脑版制作一个主题为"城市呼吸"的视频，效果如图 12.56 所示。

扫码看教学

扫码看效果

图 12.56 效果展示

171

第 13 章

使用即梦 AI 生图与生视频

即梦是剪映推出的一款网页版 AI 工具，集成了 AI 生图和生视频的功能。在即梦 AI 平台中，"文生图""图生图""文生视频"及"图生视频"四大功能都是依赖于先进的 AI 算法，包括深度学习和机器学习技术，它们允许用户以不同的方式创造图片或视频内容，为人们提供更加多样化的视觉体验。本章将详细介绍在即梦 AI 中以文生图、以图生图、以文生视频，以及以图生视频的相关操作方法。

13.1　使用即梦 AI 以文生图

即梦 AI 凭借其强大的图片生成能力让许多人对这一领域充满无限遐想，特别是它的文生图功能，仅凭简单的文本描述词即可生成精美的图片效果，给用户的创作提供了极大的便利。

扫码看效果

【效果展示】在即梦 AI 的 "AI 作图" 选项区中，通过 "图片生成" 功能，用户可以输入自定义的描述词，并设置图片的相关参数，使 AI 生成符合自己需求的图片。此外，用户还可以对生成的图片进行细节修复，并进一步生成超清图，效果如图 13.1 所示。

图 13.1　效果展示

13.1.1　练习实例：输入自定义提示词

下面介绍在即梦 AI 中通过输入的自定义提示词生成 AI 图片的操作方法。

步骤 01　在电脑中打开即梦 AI 的官方网站，在首页的右上角位置单击 "登录" 按钮，如图 13.2 所示。

扫码看教学

图 13.2　单击 "登录" 按钮（1）

173

步骤 02 进入相应的页面，① 勾选相关的协议复选框；② 单击"登录"按钮，如图 13.3 所示。

步骤 03 在弹出的"抖音"窗口中选择"扫码授权"选项卡，打开手机上的抖音 App，使用手机扫描选项卡中的二维码，如图 13.4 所示。

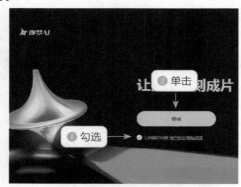

图 13.3　单击"登录"按钮（2）　　　　　图 13.4　扫描选项卡中的二维码

步骤 04 执行操作后，在手机上同意授权，即可登录即梦 AI 账号。即梦 AI 首页的右上角显示了抖音账号的头像，表示登录成功，如图 13.5 所示。

图 13.5　右上角显示抖音账号的头像

📢 温馨提示

　　在使用即梦 AI 进行创作时需要注意的是，即使是相同的关键词，每次通过即梦 AI 生成的图片或视频效果也会有所不同。

步骤 05 在"AI 作图"选项区中单击"图片生成"按钮，如图 13.6 所示。

步骤 06 进入"图片生成"页面，在页面左上角的输入框中输入 AI 绘画的提示词，如图 13.7 所示。

图 13.6　单击"图片生成"按钮

图 13.7　输入 AI 绘画的提示词

13.1.2　练习实例：设置图片参数

下面介绍在即梦 AI 中设置图片参数的操作方法。

步骤 01 在 13.1.1 小节的基础上，在"模型"选项区中拖曳"精细度"下方的滑块，设置"精细度"参数为 8，提高效果的质量，如图 13.8 所示。

步骤 02 ❶ 在"比例"→"图片比例"选项区中选择 1:1 选项，❷ 单击"立即生成"按钮，如图 13.9 所示。

扫码看教学

图 13.8　设置"精细度"参数

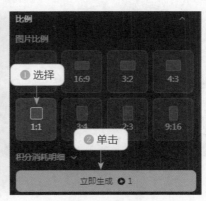

图 13.9　单击"立即生成"按钮

175

步骤 03 稍等片刻，即可生成 4 幅 1:1 尺寸的 AI 图片，如图 13.10 所示。

图 13.10　生成 4 幅 1:1 尺寸的 AI 图片

温馨提示

在"图片生成"功能中，精细度是一个关键的生成参数，它直接决定了最终图片的清晰度和细节丰富度。通过增加精细度数值，AI 可以生成细节更丰富、更清晰的图片。然而，这种高质量的生成过程需要更多的计算资源和时间。

13.1.3　练习实例：进行细节修复

下面介绍在即梦 AI 中进行细节修复的操作方法。

扫码看教学

步骤 01 在 13.1.2 小节的基础上，对第 1 幅 AI 图片进行细节修复。将鼠标指针移动到第 1 幅 AI 图片上，单击"细节修复"按钮，如图 13.11 所示。

步骤 02 执行操作后，即可对第 1 幅 AI 图片进行细节修复，此时图片的细节更加清晰，如图 13.12 所示。

图 13.11　单击"细节修复"按钮

图 13.12　对第 1 幅 AI 图片进行细节修复

176

13.1.4 练习实例：生成超清图

下面介绍在即梦 AI 中生成超清图的操作方法。

步骤 01 在 13.1.2 小节的基础上，在第 2 幅 AI 图片上，单击"超清图"按钮 HD，如图 13.13 所示。

扫码看教学

步骤 02 执行操作后，即可生成一张超清晰的 AI 图片。在图片左上方显示"超清图"字样，这一操作增加了图片的分辨率，提高了图片的质量，如图 13.14 所示。

图 13.13 单击"超清图"按钮

图 13.14 生成一张超清晰的 AI 图片

13.2 使用即梦 AI 以图生图

在即梦 AI 平台中进行以图生图时，用户首先需要上传一张参考图片，然后即梦 AI 会基于这张图片的内容和风格生成新的图片。

扫码看效果

【效果对比】即梦的"参考图"功能可以参考图片主体生成 AI 图片。即梦 AI 首先会识别参考图片中的主要对象或视觉焦点，包括人物、动物或物体等，然后分析图片的风格和视觉特征。在生成新图片时，即梦 AI 会尝试保持图片中的主体内容不变，同时对背景或其他元素进行创意变化。效果对比如图 13.15 所示。

图 13.15 效果对比

13.2.1　练习实例：上传图片

下面介绍在即梦 AI 中上传图片的操作方法。

扫码看教学

步骤 01　进入即梦的官网首页，在"AI 作图"选项区中单击"图片生成"按钮，进入"图片生成"页面，在该页面中单击"导入参考图"按钮，如图 13.16 所示。

步骤 02　执行操作后，弹出"打开"对话框，❶ 选择需要上传的参考图；❷ 单击"打开"按钮，如图 13.17 所示。

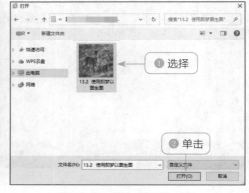

图 13.16　单击"导入参考图"按钮　　　　图 13.17　单击"打开"按钮

步骤 03　弹出"参考图"对话框，如图 13.18 所示。

步骤 04　❶ 选中"主体"单选按钮，即梦 AI 会自动识别参考图中的动物主体，并高亮显示该主体；❷ 单击"保存"按钮即可导入参考图，如图 13.19 所示。

图 13.18　"参考图"对话框　　　　图 13.19　导入参考图

13.2.2　练习实例：输入提示词

扫码看教学

下面介绍在即梦 AI 中输入提示词的操作方法。

步骤 01　执行 13.2.1 小节的操作后，返回"图片生成"页面，输入框中显示已上传的参考图，❶ 输入提示词；❷ 单击"立即生成"按钮，如图 13.20 所示。

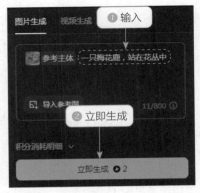

图 13.20　单击"立即生成"按钮

步骤 02 稍等片刻，即可生成 4 幅相应的 AI 图片，如图 13.21 所示。

图 13.21　生成 4 幅相应的 AI 图片

13.2.3　练习实例：下载图片

下面介绍在即梦 AI 中下载图片的操作方法。

扫码看教学

步骤 01 在 13.2.2 小节的基础上，在第 1 幅图片上单击"下载"按钮 ⬇，如图 13.22 所示。

步骤 02 在弹出的"新建下载任务"对话框中，❶ 设置名称与保存位置；❷ 单击"下载"按钮即可下载生成的 AI 图片，如图 13.23 所示。

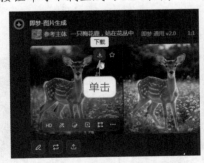

图 13.22　单击"下载"按钮

图 13.23　下载 AI 图片

13.3　使用即梦 AI 以文生视频

扫码看效果

　　　　　即梦 AI 的"文生视频"功能以其简洁直观的操作界面和强大的 AI 算法，为用户提供了一种全新的视频创作体验。不同于传统的视频制作流程，用户无须精通视频编辑软件或拥有专业的视频制作技能，只需通过简单的文字描述即可激发 AI 的创造力，生成一段段引人入胜的视频内容。

【效果展示】用户在输入提示词时，应该尽量清晰、具体，涵盖主体、场景、动作及拍摄角度等信息，即梦 AI 将根据这些提示词自动生成相应的视频内容，包括物体、背景和环境等。效果如图 13.24 所示。

图 13.24　效果展示

13.3.1　练习实例：输入视频提示词

　　下面介绍在即梦 AI 中输入视频提示词的操作方法。

扫码看教学

步骤 01 进入即梦 AI 的官网首页，在"AI 视频"选项区中单击"视频生成"按钮，如图 13.25 所示。

步骤 02 执行操作后，进入"视频生成"页面，❶切换至"文本生视频"选项卡；❷输入相应的提示词，如图 13.26 所示。

图 13.25　单击"视频生成"按钮

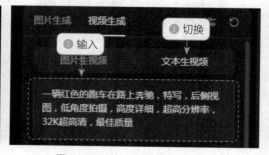
图 13.26　输入相应的提示词

13.3.2 练习实例：设置视频参数

下面介绍在即梦AI中设置视频参数的操作方法。

步骤 01 执行13.3.1小节的操作后，在"运动速度"选项区中，设置"运动速度"为"快速"，如图13.27所示。

步骤 02 ❶ 在"视频比例"选项区中选择16:9选项；❷ 单击"生成视频"按钮，如图13.28所示。

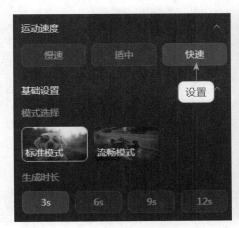

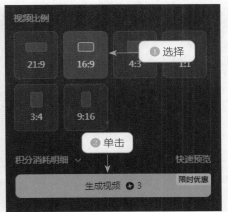

图13.27 设置"运动速度"为"快速"　　　　图13.28 单击"生成视频"按钮

13.3.3 练习实例：下载视频

下面介绍在即梦AI中下载视频的操作方法。

步骤 01 在13.3.2小节的基础上，稍等片刻，即可生成一段视频，在视频右上角单击"下载"按钮，如图13.29所示。

图13.29 单击"下载"按钮

步骤 02 在弹出的"新建下载任务"对话框中，❶ 设置名称与保存位置；❷ 单击"下载"按钮即可下载视频，如图 13.30 所示。

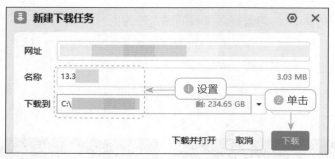

图 13.30　下载视频

13.4　使用即梦 AI 以图生视频

在即梦 AI 中，"图生视频"技术基于用户提供的一张或多张图片生成视频。用户上传图片后，即梦 AI 深入分析每张图片的内容、构图和风格，然后为这些图片添加动态效果，如运动、变化或动画等。此外，即梦 AI 还可以根据单张图片智能扩展场景，生成更丰富的视频内容。

扫码看效果

【效果展示】用户可自由上传任意图片至即梦 AI，AI 模型将据此生成与原图风格相协调的动态效果，生成的视频风格与原始图片一致，确保视觉上的连贯性，效果如图 13.31 所示。

图 13.31　效果展示

13.4.1　练习实例：上传图片

扫码看教学

下面介绍在即梦 AI 中上传图片的操作方法。

步骤 01 进入即梦 AI 的官网首页，在"AI 视频"选项区中单击"视频生成"按钮，进入"视频生成"页面；在"图片生视频"选项卡中单击"上传图片"按钮，如图 13.32 所示。

步骤 02 执行操作后，弹出"打开"对话框，❶ 选择需要上传的参考图；❷ 单击"打开"按钮，如图 13.33 所示。

图 13.32　单击"上传图片"按钮　　　　图 13.33　单击"打开"按钮

13.4.2　练习实例：输入提示词

下面介绍在即梦 AI 中输入提示词的操作方法。

步骤 01 执行 13.4.1 小节的操作后，返回"视频生成"页面，输入框中显示了已上传的参考图，❶ 输入提示词；❷ 单击"生成视频"按钮，如图 13.34 所示。

步骤 02 稍等片刻，即可生成一段视频，如图 13.35 所示。

扫码看教学

图 13.34　单击"生成视频"按钮　　　　图 13.35　生成一段视频

13.4.3　练习实例：下载视频

下面介绍在即梦 AI 中下载视频的操作方法。

步骤 01 在 13.4.2 小节的基础上，在视频右上角单击"下载"按钮 ⬇，如图 13.36 所示。

扫码看教学

图 13.36　单击"下载"按钮

步骤 02　在弹出的"新建下载任务"对话框中，❶设置名称与保存位置；❷单击"下载"按钮即可下载视频，如图 13.37 所示。

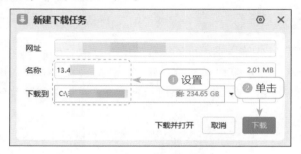

图 13.37　下载视频

⏎ 本章小结

　　本章主要介绍了如何使用即梦 AI 以文生图、以图生图、以文生视频，以及以图生视频的操作方法。首先，介绍了使用即梦 AI 以文生图的操作方法：先输入自定义提示词，再设置图片参数，然后对生成的图片进行细节修复，最后生成超清图；其次，介绍了使用即梦 AI 以图生图进行绘画的操作方法：先导入图片，再输入提示词，最后下载生成的图片；然后，介绍了使用即梦 AI 以文生视频的操作方法：先输入视频提示词，再设置视频参数，最后下载生成的视频；最后，介绍了使用即梦 AI 以图生视频的操作方法：先导入图片，然后输入提示词，最后下载视频。本章通过对案例的实际操作，带领读者掌握即梦 AI 中以文生图、以图生图、以文生视频，以及以图生视频的操作方法。

↪ 章节练习

请在即梦 AI 中使用以文生图功能生成一组山水风光摄影照片，效果如图 13.38 所示。

扫码看教学

扫码看效果

图 13.38 效果展示